Thomas Rappold
托瑪斯·拉普德 著

張淑惠 譯

PETER

矽谷天王彼得·提爾
從0到1的致勝思考

從臉書、PayPal到Palantir，他如何翻轉世界？

THIEL

Facebook, PayPal, Palantir – Wie Peter Thiel die Welt revolutioniert – Die Biografie

推薦序

迎向藍海的你，會否反而錯失了寶藏？

葉妍伶

　　創業圈有個大家都很熟悉的比喻：創業者對未來世界有個明確的想像，為了抵達那個未來，因此設定了遠程目標──這個目標就是「北極星」。創業過程中難免被各種接踵而來的好事、壞事、瑣事、難事搞得暈頭轉向，這時候只要抬頭看著北極星，就能繼續朝正確的方向前進。

　　經常和創業家聚會、互動之後，我發現每個創業家的宇宙都有個寶藏島，有些人可能是得到前輩、長輩傳承的藏寶圖；有些人是從職場生活中累積線索，自行繪製藏寶圖；也有些人是靈感直覺特別敏銳，連在沙灘散步都能看到海浪送來的藏寶圖。創業家剛啟程的時候多半開著小船（別羨慕其他人含著金湯匙，第一次駕船就能把麗星郵輪駛到目的地是天方夜譚），一邊划船一邊捕魚、撈珍珠，到了港口就可以用漁獲去向投資人證明你是個可靠的船長。有了資金挹注就能雇用船員，接下來船員負責讓小船前進，船長負責看天象、看海象；一步一步做出成績後，再漸漸換大船、徵更多夥伴。我常說，像我這樣負責說故事的人是火砲，一開始不必馬上登船，但是沒有軍火

彈藥就沒辦法和敵船拉開距離。企畫書上看起來，創業好像可以線性發展，但實際上，古今中外從來沒有任何事業可以直接從起點抵達終點的，在這個過程中，有漩渦、有暗礁、也有迷惑水手的美人魚，千驚萬險。船長呢，在甲板上看起來威風，在船艙裡的角色就是個馬桶，每天在吃屎，就看誰可以沖得比較有效率。就如書中彼得・提爾所說的：「創辦一個偉大的公司不容易，也不是不可能，而是介於兩者之間。創業眞的很難，但可行。」

　　我創業了四次，接下來成家。我經常覺得成家不比立業簡單，而且這次沒辦法出場或退場了。這本書給經營企業的我很多實用工具和參考策略，讓人意外的是，身爲家長，我從書中獲得更多啓發。幾年前我就感受到家長圈的焦慮：孩子幾歲要開始學寫程式？人類什麼時候會被人工智慧取代？這本書在新型冠狀病毒肆虐之際來到我的手中，特別適合腦筋和耳朵都硬的人檢視書中的道理。風生水起，景氣好的時候，只要找到風口連豬都能飛，每一本寫成功之法的書看起來似乎都有道理。新型冠狀病毒擾亂了現代人的生活方式，打壞了市場，加速了無人科技的發展，眞正的智慧才禁得起考驗。彼得・提爾在矽谷蛻變未興之時創辦了 PayPal，在美國遭受 911 恐怖攻擊之後成立了 Palantir。我在書中看到了他廣闊的世界觀與延伸拓展時空的格局，他不只觀察一道道海浪與潮流，而是從更高的視野去理解地球、環境、文明、社會的變化，搭配逆向思考的日常訓練。

　　自由主義就是彼得・提爾的北極星，他靠 PayPal 實現支付自由，讓 Palantir 在遏制恐怖主義擴散的同時維護人民自由。找到了北極星，船長就能選擇不同的船型、組合不同的船員、打造不同的討海文化，往寶藏島前進。這個收穫和心得我更想要應用在親子溝通上。未來的世界有很多媽媽沒見過、沒碰過的進步、創新、挑戰和難題，我期待孩子的北極星為他領航，指引他度過驚濤駭浪。我也盼望逆向思考的習慣能在這個過度追求共識的社會裡，讓他不致追隨主流，滑進了藍海卻錯過了寶藏島。

　　彼得・提爾是航海老將，不但自己有豐富的經驗，和他同船過的人還都成了矽谷要角，這 20 多年來影響了矽谷、科技、世界和全人類。主修哲學的提爾能把當下看到的議題放到無垠的時空裡去思考，放大格局，提高視野，他的人生法則不但能協助創業家更宏觀地找到創新之道，也能協助家長與教育從業者重審或培養永續創新的能力。祝大家航海愉快，精采充實！

（本文作者為矽谷創業家、Girls in Tech 台灣分會會長）

各界推薦‧好評迴響

　　本書透過探討彼得‧提爾的重大成功，來理解他的思考與行動流程。不管是在投資或是人生的決策上，專注於當下最重要的事物，並且有能力從大量的資訊中判別「**趨勢**」與「**流行**」的差異，找到具有未來性與永續性的目標，才有可能從 0 到 1 突破可見局限，找到自由發展的創新領域。

── 王怡人（JC 趨勢財經觀點版主）

　　我深信「只有那些瘋狂到認為自己能改變世界的人，才真正能夠改變世界」，而我認為提爾就是其中一人！作者把近 20 多年來的科技產業競合情勢，以及川普執政時代的政商關係，以尖銳、與眾不同的觀點呈現出來，處處充滿驚嘆！

── 安納金（暢銷財經作家）

　　本書是傳奇的矽谷創業家與投資人彼得‧提爾，20 多年來在矽谷科技業的精采回顧。書中除了生動地敘述了故事以外，更對彼得‧提爾的思路與投資、創業結果，有深入的分析與探討。

　　無論是創業、投資，甚至人生方向的選擇，都值得讀者

思考，如何瞄準關鍵的問題，錨定行事的羅盤，才能不人云亦云，創造改變世界的機會。

——林桂光（達盈管理顧問公司合夥人）

自由與保守、哲學與科技、人生勝利組與休學創業擁護者——這本書帶領我們走進提爾在各個領域充滿矛盾卻又近乎魔幻的輝煌成就。作者一層一層檢視從 PayPal、Palantir 到臉書，提爾在創業與投資上精采絕倫的「逆向思考」。這不只是了解這位當代思想巨擘的入口，更是想要一窺矽谷傳奇不可不讀的珍貴縮影。

——邱懷萱（Anchor Taiwan 執行長）

本書帶領讀者一窺彼得‧提爾如何以逆向思考看見新創企業的獨特價值，引人深思。新創的本質不只是一種產業，更是一種以創新思維解決問題的事業，質疑那些原本眾人認為理所當然的事物。唯有跳脫常規、突破框架、開創思考、超越極限、追求藍海並創造社會價值，才可能走出自己的路。

——許毓仁（台灣玉山科技協會祕書長）

和 20 世紀相比，當代世界長得愈大愈完整，創新的可能卻顯得愈來愈小。

但其實等在創業家面前的永遠都有更大的挑戰，隨著世界前進，我們面臨的問題也將更加艱深難解。

如果你仍有改變人類文明與生活的夢想，就不能錯過這本書。在書中除了可以完整了解彼得・提爾的創業理念，更可透過案例拆解他的產品思維、市場策略、用人哲學、企業文化，以及投資心法。

我們永遠無法成為另一個彼得・提爾，但我們卻可致敬他的精神：大膽追逐，開放擁抱，用力反對，又擇善固執。

歡迎走入彼得・提爾的世界觀。

　　——陳凱爾（《數位時代》Meet 創業小聚社群總監）

本書完整呈現了矽谷傳奇人物彼得・提爾的成長背景、奮鬥歷程，以及如今動見觀瞻的巨大影響力從何而來，鉅細靡遺的生動描繪，讀來令人振奮而激賞。極力推薦給不甘於平凡的每一位未來創業家！

　　——愛瑞克（知識交流平台 TMBA 共同創辦人）

Paypal 的共同創辦人、臉書的首位外部投資人，光是這樣的顯赫經歷，這本書就應該仔細閱讀。

尤其是彼得・提爾認為新創企業成功的三大要素：獨特性、祕密以及在數位化市場的壟斷地位，更值得所有奮鬥中的創業者思考。

　　——簡榮宗（兩岸暨跨境創新創業交流協會理事長）

目次

3

顛覆常識的經營策略：
PayPal 與 Palantir 的全勝之道　071

7

科技必須自權力中解放：
追求自由的世界觀　275

8

政權背後：
川普的顧問，還是「影子總統」？　295

9

彼得・提爾的未來策略　327

前言
爲什麼全世界都在關注他？

/ / / / /

我們想要飛行車，結果卻得到 140 個字元。
——彼得・提爾（創辦人基金宣言）

　　彼得・提爾是美國矽谷最耀眼的名人之一。他是成功的企業家、對沖基金經理人、暢銷書作者、慈善家，以及美國總統川普新聘的政策顧問。提爾在德國出生、美國長大，畢業於知名的史丹佛大學；提爾代表著美國夢，以及只要努力就能成爲百萬富翁、億萬富翁的願景。

　　他是矽谷最偉大的科技和思想領袖之一。他身爲支付服務業者 PayPal 和神祕的大數據分析公司 Palantir 創辦人以及臉書的第一位外部投資人，能同時對三家全球性企業產生影響，也因此造就他不凡的身價。但他的使命不僅於此，他看到西方世界陷入自我滿足的停滯狀態，政治和經濟沒有像甘迺迪當年提出登月計畫時的那種霸氣願景，或是推出風險極高的創新藍圖。因此，爲了鼓勵優秀的青年才俊休學創業，他提供每人 10萬美元的贊助金。

　　這本書將帶領讀者進入彼得・提爾多采多姿的生活，探尋他的成功 DNA。

　　全球化徹底改變了人類的私人生活和社交生活，社群網路和智慧型手機如爆炸般地快速普及，生產流程日益自動化和機械化，造成社會許多盤根錯節的問題，亟需優秀的解決方案。

　　提爾認為，創新和科技是創造新工作機會的關鍵驅動力，他很清楚，人類未來的就業領域將產生巨大的變化。因此人們也必須在學校、教育和工作中，不斷透過最新的教學和數位化方法學習新技能。雖然提爾自己一路順遂地完成教育，並從史丹佛大學畢業，但他仍質疑將傳統教育方式視為人生唯一途徑的思維。

　　身為科技產業龍頭，他也明確指出相同的社會責任：科技不得用於私人目的，必須用於服務人類，進而提升人類生活的效率。儘管矽谷自詡為全世界的創新和進步中心，但在這方面仍有很大的提升空間。

　　多年來，提爾對於社會福祉亟具迫切性的關鍵核心日益遭到忽視、財務資源也受到百般限制的現象，不時提出觀察；他還具體點出堪稱為大災難的基礎設施、醫療產業成本失控、教育體系危機以及與莘莘學子因學生貸款而債台高築的異象。

　　特別是對社會凝聚力和西方社會制度財務來源至關重要的中產階級，在全球化和數位化兩大趨勢的夾攻之下，被壓得幾乎喘不過氣來。

　　提爾憂心，這種社會現象可能大規模爆發，就仿如法國大革命時期的人民起義一般。

　　全球化將一切簡化為 0 與 1，容不下任何情感的元素。

人類暴露在破壞性的發展之中，無一倖免。《紐約時報》最近將蘋果、Alphabet、亞馬遜、臉書和微軟這全世界前五大最有價值的數位化集團，總稱為「五大恐怖集團」（frightful Five），不無道理。影響力最大的企業不再是銀行和保險公司，而是近來擁有超級權力的當紅炸子雞──網路集團。這些集團未來也將面對自己的社會責任，透過臉書傳播假新聞和仇恨言論只是指標之一而已。但如 Google 和臉書卻將自己定位為平台業者，而非 21 世紀的媒體公司──雖然消費者在兩平台上消費的，基本上都是多媒體的內容。

截至目前為止，提爾這套以企業家和投資者的角色投資科技龍頭的方法一直很管用。對他來說，競爭和對幹並不是鐵律，反而是失敗的主因。他很重視致力於開拓新市場且其內在核心與眾不同的企業。股票價值就是測量標準。目前市場上只有一家領先的智慧型手機製造商：蘋果；一家領先的搜尋引擎：Alphabet；一家領先的社群網路：臉書；以及一家作業系統製造商：微軟。上述企業的共通點就是與眾不同，擁有類似壟斷的地位，且利潤極高。本書將鉅細靡遺地揭開提爾如何定義壟斷，以及如何透過行動和投資，持續從這些企業獲利。

提爾關心創新──真正突破性的創新。這不僅代表航向新海岸，還是航向新銀河系的啟程。JP 摩根大通、洛克斐勒家族、卡內基、范德比爾特（Vanderbilt）和福特，是美國在 19 和 20 世紀擁有國際經濟強國地位的重要推手，提爾能因此與之並列嗎？

　　希望藉由這本書徹底解答這個問題，並了解他多元化的角色；我們也不會錯過他個性上的眉角。提爾是 21 世紀博學多聞的科技巨擘，我們對他拭目以待。

　　套用提爾的話，敬邀各位讀者一起探索我們這個時代中，最精采絕倫的祕密。

托瑪斯・拉普德

2017 年 8 月

編按：作者於本書中所援引的相關文獻與圖表資料，皆有標示詳盡的出處。讀者可至「圓神書活網」（www.booklife.com.tw）搜尋本書書籍頁面，下載全書注釋，對照閱讀。

1

孕育一切的起點：
史丹佛大學的薰陶與反叛

//////

我念史丹佛法學院，如果重來一次，我應該還是會去；
但如果重來一次，我會勇於問自己這麼做的理由。
—— 彼得・提爾

Anything is possible! 前進史丹佛

　　2016 年夏天的克里夫蘭。彼得・提爾帶著他最新的使命回
到家鄉。在第二天慶祝川普提名總統候選人的共和黨大會上，
提爾出盡了鋒頭。他在黨大會代表歡聲雷動的掌聲中，神采奕
奕地步上演講台，一身藍色西裝、藍色襯衫和藍銀色的條紋領
帶。他政治新鮮人的魅力不言而喻，因為提爾不是傳統的政治
人物。

　　提爾全名是彼得・安德烈亞斯・提爾（Peter Andreas
Thiel），1967 年 10 月 11 日出生於德國法蘭克福，1 歲時隨父
親克勞斯・提爾（Klaus Thiel）和母親蘇珊娜・提爾（Susanne
Thiel）移居美國。

　　他向黨大會代表陳述他父母親當時來美的經過，以及如何在克里夫蘭找到他們實現美好未來的夢想。「我的父親就讀我們現在所在道路盡頭的凱斯西儲大學（Case Western Reserve University），主修工程學。因為在 1968 年，對我們來說，不單克里夫蘭一個城市，全美國都是高科技的象徵。」克里夫蘭象徵舊美國的沒落，光從 2000 年至今，這個城市就總計流失了五分之一的人口。提爾以自身家庭為例具體說明，在這個世代，類似的成功模式和美國夢的生活已不可能實現；而對於他這個完成美國夢的移民者而言，這種情況絕對無法容忍，這也是他投入政治的重要因素之一。

　　彼得‧提爾 3 歲時就體會到生活大不易的事實。他曾坐在走廊地毯上問父親：地毯是用什麼做的？父親回答他是牛做的。他繼續問道：怎麼用牛做的？「用死掉的牛做的。」他仍緊追不捨，繼續追問那是什麼意思。父親解釋說：牛死掉了，每個人和每種動物終有一天都會死，包括他自己和提爾都是。這場直白的死亡啟蒙對 3 歲的小彼得而言不僅是震驚，至今仍是他致力於追求科技進步，以改善和延長人類壽命的重要動力來源。

　　2014 年，提爾在「Studio 1.0」節目上接受彭博新聞社（Bloomberg）記者愛蜜麗‧張（Emily Chang）專訪時，認為自己可以活到 120 歲。他平日飲食少糖、實行特殊的節食計畫。儘管如此，他還是認為人類必須創造巨大的技術突破，才能戰勝癌症和阿茲海默症等疾病，甚至死亡。提爾積極投資生

物科技公司，以期藉此將社會提升到「下一個等級」。

　　提爾的父親是一位化學工程師，曾先後任職於多家礦業公司的管理部門，因此他們一家人必須經常搬家。1973 年提爾6 歲時，第一次石油危機讓西方世界的經濟成長戛然停止，美國開始正視發展核能的重要。提爾一家搬到南非的斯瓦科普蒙德（Swakopmund），這是德國過去在西南非的殖民地，即今日在納米比亞的海港小城。提爾在這裡發現自己對西洋棋的熱愛，還一頭栽進地圖集、大自然叢書以及法國漫畫的世界裡。他偶爾也會到住家後方的乾涸河床上探險，那是他平常最愛的活動之一。他 5 歲時就已經認得世界上所有的國家，還能憑記憶畫出整個世界地圖。提爾上過七間小學，他在「Studio 1.0」節目專訪時還自嘲是局外人和內行人的組合，這個組合在他身上留下深刻的特色。提爾的童年在備受呵護的環境中成長，深受傳統角色分配的影響。他的父親擔任化學工程師，母親是家庭主婦，夫妻倆都非常重視孩子的教育。

　　斯瓦科普蒙德的學校教育以紀律嚴格出名，學生必須穿著的校服還包括西裝外套和領帶，言語不當則會被老師拿長尺打掌心。日後提爾成為自由主義者和愛好自由的思想家，就足證他對任何形式的制式化和管理方式，都感到厭惡。

　　1976 年提爾 9 歲時與家人重返美國。一開始先是回到克里夫蘭，隔年往西岸移動，最後落腳在史丹佛北部的福斯特城（Foster City）。福斯特城是一座新興的計畫城市，建於 60 年代。該市具有半島的特性，整個市區有 80% 為水域。或許就是

這個原因，讓提爾看到了海上家園的未來，並慷慨地贊助相關計畫。

《每週電子新聞》（*Electronic News*）記者唐・霍夫勒（Don Hoefler）於 1971 年 1 月 11 日，在一系列有關晶片產業的報導文章中，首次以「矽谷」稱呼這個位處舊金山和聖荷西之間的谷地。該處高科技公司雲集，包括蘋果、仙童半導體公司（Fairchild Semiconductor）、惠普和英特爾等。當時這個名稱並未廣泛地用來形容這個有爆炸性發展的科技谷地。然而這些電子公司和當地的史丹佛大學受惠於美國軍方非常寬裕的預算，就在提爾一家搬到史丹佛附近的第一年，年輕但具革命性的蘋果電腦公司便推出了他們最成功的電腦──蘋果 II。個人電腦隨之誕生，蘋果和其創辦人等一干人瞬間暴紅，報紙和媒體大肆報導美國西岸這些新創公司的成功故事。於是，10 歲的彼得・提爾成了這一波革命啓航的時代見證人。

喬治・帕克（George Packer）在其描述美國社會衰落的著作《我們美國這些年》（*The Unwinding*）中寫道，在 70 年代末，矽谷是戰後中產階級生活的最好範例之一。在這裡，種族或宗教所扮演的角色是如此微不足道，這是矽谷和美國其他地方最大的不同之處。帕克以「平等、教育水準高和舒適」來形容矽谷當時的生活。這種加州的「生活方式」也展現在提爾的新學校，學校不要求學生穿制服，嚴格的老師容易激發學生的叛逆性格。提爾每每能從師生之間的紛爭中全身而退，像在西南非那樣只專注於獲得好成績，其餘他全不管。對他而言，

就像帕克所說的，每次考試就是「生死交關」。很顯然，提爾在數學和邏輯思考方面具有卓越的能力，對西洋棋他也天賦異稟。13 歲時，他已經是美國排名第七的西洋棋選手。他那股爭取好成績的好勝心和在棋盤上的鬥智廝殺，激起他內在不斷與班上同學競爭的高昂情緒。後來他逐漸意識到競爭會讓他變得盲目，競爭是不健康的。2014 年，在提摩西·費里斯的播客節目上，他回答了他最想改變或提升的事情：「回顧我年少時的歲月，我只能說，我當時的想法和對競爭的痴迷心態很不健康。這種人在與他人競爭領域上會有好成績，但相對地也必須付出極高的代價。」

提爾除了對西洋棋的熱情以外，對科幻文學也情有獨鍾，特別是以撒·艾西莫夫和羅伯特·海萊因的作品。他可以和朋友玩電腦遊戲《龍與地下城》，一玩就玩上好幾個鐘頭。《龍與地下城》是 70 年代中期上市的角色扮演遊戲，地下城和龍是該遊戲的主軸。在提爾家裡，12 歲以前不能看電視，於是他在蘋果的 TRS-80 家用電腦上玩當時最熱門的文字冒險遊戲 Zork。提爾對托爾金的小說《魔戒》也愛不釋手，他甚至用托爾金發明的科幻名詞，為他的 Valar 風險投資公司（Valar Ventures）和 Mithril 投資管理公司（Mithril Capital），以及 Palantir 大數據科技公司命名。而在創業內涵上，托爾金的個人對機械和集體力量的價值、權力和腐敗的相互影響等哲學思想，對提爾日後的生活影響甚鉅。

2017 年初，提爾接受《紐約時報》「確認或否認」

（Confirm or Deny）專欄訪問時，明確表示他是《星際大戰》的影迷，因為這部電影和《星際爭霸戰》不同，它更具資本主義色彩。對電腦遊戲、西洋棋、數學、科幻和航太的熱愛，剛好就是 70 和 80 年代極具天賦的年輕人的興趣。這種人在現代可能會被視為「阿宅」，但是就連他後來的朋友和事業夥伴伊隆・馬斯克和亞馬遜的老闆傑夫・貝佐斯年輕時，也曾沉迷於類似的興趣之中。馬斯克和貝佐斯後來會創辦航太公司，以及提爾也是 SpaceX 的大金主之一，不無道理。

70 年代末，美國在一連串的失敗中跌跌撞撞，油價衝擊帶衰經濟，通貨膨脹和利息上升超過 10%。1979 年美國駐伊朗大使館被占領，隨後 52 名外交官被扣留為人質長達 444 天，以及 1979 年聖誕節蘇聯入侵阿富汗等事件重創美國，衝擊了美國民主黨的吉米・卡特在總統大位的連任之路。這段時期的提爾培養了嗅出政治贏家類型的敏感度。他在八年級的時候開始收集共和黨總統候選人隆納・雷根的剪報。雷根之前曾任加州州長，當時正準備競選第四十任美國總統。這位當時還是美國最高齡的總統，深受年輕民眾青睞，他們在雷根身上重拾樂觀。雷根時期破除官僚作風的新保守主義和強化個人色彩的風格，深深影響了提爾，加深他對自由主義的嚮往。雷根的魅力和觸動人心的行事作風一定也影響提爾至深，因為他在接受《財富》（Fortune）雜誌專訪時，表達了他對雷根的尊崇。他認為，雷根是「解決問題以及找到正確答案的人」。

對提爾來說，現在美國的情況和 1980 年時類似，經濟衰

退的情況處處可見，每次接受專訪時，他總是不厭其煩地提及他的憂心。對雷根的緬懷、嚮往 80 年代的樂觀氛圍和「讓美國再次偉大」這句話所傳達的訊息，驅使他公開支持川普競選總統，甚至在黨代表大會上發表演說，還捐獻百萬美元力挺川普。

1985 年左右的那段時間充滿了「樂觀氛圍」。同年他以優異的 A 等成績從聖馬特奧高中（San Matheo High School）畢業，眼前一片光明，他截至目前為止的人生充滿了追求佳績的競爭，最終應該可以讓他如願以償進入頂尖大學就讀，取得未來事業成功的門票。

他申請的所有大學，包括哈佛在內，全都為他敞開大門。他沒有選擇哈佛，因為他害怕競爭壓力以及可能面臨的失敗。現在的他認為，哈佛也是誤導社會競爭思維和菁英大學的象徵。2014 年秋天，提爾在史丹佛大學開授一系列「如何創業」的講座課程中，便以「競爭是留給失敗者的」（Competition is for Losers）為題，引述了前美國國務卿暨哈佛教授亨利・季辛吉（Henry Kissinger）的言論。季辛吉用如下文字描述學術行為：「因為那科系念起來很輕鬆，一堆人申請就讀，因此競爭特別激烈。」學生為了要輕鬆讀，爭得頭破血流，在提爾看來，這有如沒有未知數的等式方程式那麼簡單，但也因此毫無價值可言。

不僅如此，提爾還在學生面前諷刺商學院，尤其是哈佛的商學院。他認為哈佛學生很特別，他形容他們具有「反亞斯伯

格」性格、很外向、鮮少有自己的想法。如果綜合上述三種特性長達兩年，最終便會形成隨波逐流的「一窩蜂」。就像 80 年代末，所有哈佛畢業生蜂擁進入金融產業，視當時叱吒華爾街的「垃圾債券大王」邁克爾‧米爾肯（Mike Milken）為偶像；後來，米爾肯在華爾街最大的一次金融醜聞後鋃鐺入獄。1999 和 2000 年科技產業熱潮盛行時，所有哈佛畢業生又一窩蜂擠進矽谷；但兩年後科技泡沫破滅，那斯達克指數市值蒸發 80%。2005 年至 2007 年間，抵押貸款風靡一時，於是大夥又一頭栽進私募股權投資和投資銀行產業；2008 年 9 月，雷曼兄弟破產，引發全球經濟和股市震盪。提爾告訴學生，他自己「都不知道該推薦哪種治療方法」，他的立意和建議是「絕不要低估問題的嚴重性」，但這對於學生的未來或許只有 10% 的助益。

回到 1985 年，彼得‧提爾以優異成績畢業後，對於未來要念什麼科系，並沒有具體的計畫。那時候他對任何事情都抱持樂觀的看法，對他而言什麼都有可能。「可以賺點錢、擁有令人欽羨的職務、做一些學術研究，或綜合以上所有可能。這就是 80 年代普遍的樂觀主義思維，我不覺得一定要有具體計畫，但重要的是，要對世界產生影響力。」

最後他選擇最近的選項。由於提爾年少時期經常跟著父母搬家，繞了好大一圈，所以他決定在家附近的菁英學校——史丹佛大學讀書，主修哲學。

逆向思考的萌芽

　　爲什麼是哲學？提爾很有數學天分，不是應該選擇自然科學或甚至科學之類的嗎？而且史丹佛的電腦科學學系早在 80 年代就享譽盛名。領先矽谷群雄的風險投資家之一，同時也是網路瀏覽器的發明人馬克‧安德森（Marc Andreessen）前不久還表示，選擇具有數學基礎的學科才是王道，人文科學學系的畢業生大多只能去賣鞋。

　　但我們很快就能從提爾身上發現，哲學的確是很好的選擇。1986 至 1987 年，他在大學二年級的下學期，選修了邁克爾‧布拉特曼（Michael Bratman）的「心靈、物體和意義」課程，這時他注意到也選修了該堂課的同學里德‧霍夫曼（Reid Hoffman），他們的相識對兩人的未來具有特殊意義。下課後，兩人坐在史丹佛大學鋪有咖啡色地板的中庭繼續聊天。這場知性交流超過兩個小時，他們聊到的一些基礎知識，就像在哲學中諸如生命和世界爲一體之類的主題。這場對話爲兩人長達將近 30 年的友誼奠定了基礎。打從一開始，就如同他們在外形——提爾瘦小而霍夫曼粗壯——上的對比一樣，他們的想法也不一樣。但在兩人首次相遇的 25 年後，霍夫曼接受《富比士》專訪時表示，那是長達數十年來立場和意見交流的起點。提爾也同時強調，他們的對話「並非針鋒相對，而是慮及事實的交流」。

　　當時兩人萬萬預想不到，這場對話對科技產業和社會將帶

來什麼樣的顛覆性影響。提爾和霍夫曼對社群媒體的發展具有關鍵性的影響力──彼得·提爾是臉書的第一位外部投資人，里德·霍夫曼則是 LinkedIn 創辦人。提爾和霍夫曼以各自敏銳的直覺和深遠的卓識，被譽為 Web 2.0 的無冕王，同時也是矽谷最富裕、最具影響力的企業家和風險資本家之一。在《富比士》2016 年最佳創投人排行榜中，提爾位居第十，霍夫曼則為第十八。

　　他們當年的領導野心和政治觀點也表現在學生代表選舉上──提爾是右派候選人，霍夫曼則是左派候選人。同樣是在接受《富比士》專訪時，霍夫曼強調，創業氛圍對史丹佛大學帶來了巨大的發展和重要性。他們那個時代和現在不同，根本不會有學生在就讀基礎課程期間就想著：「我要休學去創業。」因此，當 2012 年一週內就有超過 300 名學生登記選修提爾的創業講座課程時，提爾感到相當驚訝。他從學生身上感受到有如 90 年代末興盛時期的熱衷「強度」，而且這次的感受比當時「更真實」。提爾憶起 2005 年初，就在霍夫曼創辦 LinkedIn 後不久，在史丹佛大學舉辦的「下一個大公司」活動上，他與霍夫曼以及時任臉書顧問的西恩·帕克（Sean Parker）的對話。後來才發現，原來那就是 Web 2.0 的起始點，而臉書和 LinkedIn 以及他們自己，活生生就是「下一個大公司」的主角。

　　成功的投資人通常對於他們的投資決策具有純粹、簡單的智慧。華倫·巴菲特和查理·蒙格的「競爭優勢圈」（Circle

of Competence），亦即投資決策的能力框架，相當於彼得・提爾的「史丹佛方圓 5 英里」，是在新創企業中精準找到新投資標的的不二法門。提爾這裡闡述的是他以新創企業家角色的個人經驗，除了遇見霍夫曼，他在史丹佛還認識了許多對他的未來影響深遠的合作夥伴。

　　對提爾的世界觀、商業和投資決策原則影響最深的，應該就是在史丹佛任教的法國哲學家勒內・吉拉爾（René Girard）的作品。提爾曾說，他在就讀哲學基礎課程時，首度讀到吉拉爾的主要作品《世界起始便隱藏的事物》（*Things Hidden Since the Foundation of the World*）。對提爾而言，這是他最敬佩的哲學家的傑作；而對吉拉爾而言，這本書則講述了權力和宗教所扮演的重要角色。吉拉爾的思維模式核心是模仿理論（mimetic theory），他認為人類的行為是基於模仿形成，而基於模仿的欲望和驅動力終將導致衝突和分歧。暴力衝突的升級只能藉由祭上代罪羔羊來解決，因此基督教神學和宗教是吉拉爾研究中的重要成分，也同樣對提爾影響至深。提爾是由信奉基督新教的父母撫養長大，根據他的說法，基督教的背景參考和進化是非常「寶貴」的，讓信徒「對事物有不同的看法」。「它能幫助你積極捍衛你的想法，或讓對方深刻了解他們之所以是錯誤的理由。」勒內・吉拉爾透過由兩位精神病學家主持的專訪來闡述自己的理論和看法。他在接受專訪時侃侃而談，從人類學、宗教、文學和精神分析，一直講到現代社會和文化理論。提爾認為，吉拉爾的作品「內容非常緊湊」「艱澀而不

易懂」。

　　提爾曾對《商業內幕》（*Business Insider*）雜誌表示，人類無法避免模仿，我們之所以這麼做是因為別人也這麼做。「這就是為什麼所有人都在追求相同的東西：學校、工作、市場。經濟學家說競爭使利潤邊緣化，這是一個非常重要的事實。」而吉拉爾再補充說道：「競爭者容易受競爭對手影響，偏離了他們最原始的目標。此外，競爭的激烈程度並不代表競爭事物的基本價值。人類常為毫無意義的事物激烈競爭，而隨著時間的流逝，競爭愈來愈激烈。」

　　或許彼得‧提爾就是從吉拉爾的認知中取得了成為成功企業家和投資人的關鍵 DNA。「我們無法完全避開模仿，但如果能多用心感受正在走的這條路，我們就比多數人跨前了一大步。」這是他從大學開始就謹記在心的「逆向思考」法則。亞馬遜創辦人傑夫‧貝佐斯在接受美國作家暨記者華特‧艾薩克森（Walter Isaacson）專訪時，便認為彼得‧提爾是逆向思考的先驅，但「逆向思考者通常是錯誤的」。這是貝佐斯在 2016 年美國總統大選兩週前的 10 月底，被問及提爾力挺川普時所做的評論。貝佐斯雖然與川普的理念不合，但同年 12 月中旬仍參加了川普與科技企業龍頭的會議，該備受外界關注的會議正是由川普的科技顧問彼得‧提爾所籌辦。

　　網路瀏覽器的開發者，同時也是提爾好友以及最常合作的共同投資人馬克‧安德森曾說，他「正好同意提爾所說的一半」。提爾認為資本主義與競爭相反，在完全競爭中，所有利

潤都將被抵銷，所以新創企業應該瞄準壟斷市場。馬克·安德森則認為，這一點提爾說得沒錯，但如果你有好想法，就應該為這個想法奮戰。安德森是最早開發出商用網頁瀏覽器 Mosaic 的第一批人，以及網景通訊（Netscape）的創辦人，這一群人雖然改寫了人類的歷史，開創了網路產業的龐大市場，但在微軟大軍壓境的競爭壓力之下，最終只能被迫退出市場。安德森認為提爾大幅提升了矽谷的學術水準，特別是「攸關哲學、歷史、政治和人類命運等議題，在彼得之前，矽谷鮮少有人對這些領域有所著墨，他們只在乎新晶片的功能」。

　　當其他企業家和投資者還跟隨著從眾意願時，提爾卻已經在相反的方向上取得了成功定位。想獲取高於平均投資成果的人，勢必採取與大多數人不同的行為；但並非人人生來就具備「逆向思考」的能力，這種人必須具備堅韌的意志和自律能力，才能逆流而上，抵抗主流。「在別人貪婪時恐懼，在別人恐懼時貪婪」，投資天才巴菲特對這種策略的運用，已經到了爐火純青的地步。

　　提爾的大多數朋友贊同他的保守看法，他們享受局外人的悠閒，遠離主流的紛擾。80 年代後期，史丹佛大學成為大學課程規畫方向和構成成分的激烈信仰鬥爭地與舞台。少數人和左派學生團體，都抱怨課程都只依據那些「死白人」（意指亞里士多德和莎士比亞等）而設計；站在另一邊的則是傳統主義者，他們在反西方潮流中看到了煽動左翼政治的課程可能被濫用的危險。提爾無法苟同左翼思想，也認為他們的觀點不妥，

於是他想方設法希望影響學生對政策討論的風向，想讓輿論站在他這一邊。這種時候，還有什麼方法比辦雜誌更有效呢？畢竟當時還沒進入網際網路時代。

第一次的「創業」：《史丹佛評論》

大學二年級學期末時，提爾辦到了。1987 年 6 月，他和諾曼・布可（Norman Book）創立了保守傾向的《史丹佛評論》（*Stanford Review*），初次展露他對創業和政治的野心。他並藉此以保守的方式建立了另一種發聲管道。雷根式的改革和重振自由貿易的價值再輔以保守主義的加乘，影響了《史丹佛評論》的內容取向。

在美國被稱為新保守主義之父的爾文・克里斯托爾（Irving Kristol）除了提供《史丹佛評論》財務支援，還親自執筆發文。雖然提爾鮮少發表文章，但初期幾年，他一直擔任發行人。《史丹佛評論》刊登的文章，參雜著各種知識性色彩濃厚的論述、對左翼意識型態看似理性攻擊的文章，以及調皮或諷刺地強調學生、教師和行政單位之間的「政治正確」意涵。據後期主編阿曼・維吉（Aman Verjee）所述，《史丹佛評論》初期瀰漫著「一股保守主義的熱情」。提爾以及後來的發行人大衛・薩克斯（David Sacks）和阿曼・維吉皆自詡為自由主義者。

　　左派意識型態和右派保守主義者之間的分歧從史丹佛校園往外蔓延，逐漸形成一種美國國內的普遍現象。1987 年初，民主黨總統候選人傑西・傑克遜（Jesse Jackson）來到史丹佛大學，進場時學生哼唱著：「Hey hey, ho ho, Western Culture's got to go!」隔年，提爾邀請雷根政府的教育部長威廉・班奈特（William Bennett）前來史丹佛。班奈特一點也不拐彎抹角地大肆批評教學課程的改變，因為突然間課程內容全以西方世界以外的文化，以及闡述性別和膚色應展現多樣化的作者的書籍為主軸。班奈特說出了提爾和《史丹佛評論》那些保守派同儕的心聲：「一所偉大的大學就此毀了。」

　　《史丹佛評論》也在一封致大學管理單位的公開信中表達其反對意見，因為雷根總統圖書館並未設立在史丹佛大學，原因是史丹佛與負責該事務的胡佛研究所彼此關係不佳。現在，無論個人的政治觀點如何，史丹佛的學生和教師不僅失去接觸那些偉大人物的機會，就連翻閱珍貴文獻資料的機會也沒了。

　　80 年代末期，提爾就在思考史丹佛大學學費過高的問題。他曾在一篇以「思考財務補助」為標題的社論中，批評學費調漲明顯超過通貨膨脹和個人收入增長率的現象。「基礎課程學期的學生有 70% 需要財務補助，這個比例創下新高。換句話說，史丹佛大學對 70% 的學生而言太昂貴了，他們念不起。學費調漲後必須由剩餘的 30% 來承擔。」「學費調漲將造成家庭情況仍可負擔學費的學生比例降低。在惡性循環之下，付錢的人愈來愈少，學費的調幅就會愈來愈大。」

2016 年 10 月美國大選前不久，提爾在華盛頓全國新聞俱樂部演說時，再次批評高昂學費和高學貸的惡性循環。他表示，美國大學生每年增加了 1.3 兆美元學貸。「美國是全世界唯一一個學生無法擺脫負債惡夢的國家，即使申請個人破產也不行。」他認為這是一種很可怕的狀態，也是他對美國錯誤的教育制度的主要批評之一。

對提爾而言，《史丹佛評論》除了傳達保守思想的功能外，還有另一個意義：他可以凝聚志同道合的同好。對他來說，《史丹佛評論》就是他的第一家新創企業，為他提供測試和培養能與自己合作的人才的機會，《史丹佛評論》可說是他未來企業的育種和招聘中心——《評論》認證的人才，就是做大事的人！

事隔多年以後，當時《史丹佛評論》的工作人員、主編和發行人又齊聚於矽谷。這些班底後來形成了傳奇的「PayPal 黑手黨」（詳見第二章）。他們一路走來，成為提爾最重要的事業核心和朋友。

重要的《史丹佛評論》工作人員和他們後來扮演的角色：

- 彼得・提爾（創辦人和前主編）：PayPal、創辦人基金（Founders Fund）、Palantir 科技公司共同創辦人。
- 肯・豪利（Ken Howery，前編輯）：PayPal、創辦人基金共同創辦人。
- 大衛・薩克斯（前主編）：Yammer 共同創辦人、天使

投資人。

- 基思・拉伯斯（Keith Rabois，前編輯）：Opendoor 共同創辦人、Khosla Ventures 投資人。
- 喬・朗斯代爾（Joe Lonsdale，前主編）：Palantir 和 Formation 8 共同創辦人。

1989 年，提爾決定結束 20 世紀哲學的基礎課程後，直接改念史丹佛法學院的法律學系，並於 1992 年完成法學博士。

大衛・薩克斯自 1992 年起，接任提爾的《評論》主編職務，注入了自己的想法。他重視言論自由、同性戀權益和性別平等議題。1992 年，同樣也是法學系學生的提爾好友基思・拉伯斯，在史丹佛校園進行了一項挑戰言論自由最大可能性的測試。拉伯斯故意在校園裡通往某位講師公寓方向的某處高喊：「死同性戀！詛咒你死於愛滋病！」和「詛咒你去死，死同性戀！」等言詞。這件事最後成了校園醜聞，拉伯斯在大學管理部的壓力之下被迫離開學校。薩克斯和提爾也在《評論》上表示這是件醜聞。事實證明，報紙真的是非常好的媒體，因為薩克斯也認為《評論》成功揭露了許多過激行為，最後使大學管理部迫於輿論壓力而改口或改變做法，就連史丹佛校園以外的民眾也能了解校園內或事件背後發生了什麼事。但單靠報紙無法留下深刻且永續的印象，書籍的力道較為強勁。於是大衛・薩克斯和提爾於 1995 年出版了《多元神話》（*The Diversity Myth*），還別出心裁地下了個副標題「校園的多元文化和政策

排他性」。這本書表達出他們對史丹佛大學課程規畫和政策方向採多元文化（詳見第四章）的清算和反對。經過這麼多年，提爾的視野肯定更寬廣了，應該也想過這麼做是否值得。《多元神話》出版時，史丹佛大學在新任校長格哈德‧卡斯帕爾（Gerhard Casper）的帶領之下，正面臨巨大的文化變革，許多備受爭議的人文學科課程都成了犧牲品。

　　提爾興起了當個公眾知識分子的念頭，但又懷疑在這個學有專精的時代，這樣的事業是否還有意義。他希望將生命奉獻給資本主義的精神，但又不確定是否應該走知識分子的方向，或者自己只是想變有錢罷了，又或是兩者都想擁有。薩克斯則堅定認為，提爾可能成為下一個小威廉‧法蘭克‧巴克利（William F. Buckley，右翼保守派，畢業於耶魯大學，保守派政論雜誌《國家評論》的創辦人）以及億萬富翁，只是順序可能不大一樣。薩克斯的猜測是對的，提爾因投資成功而成為億萬富翁，而且同時身為作家、提爾基金會（Thiel Foundation）創辦人或是擔任川普的政策顧問的他，近來也成為家喻戶曉的名人。

　　提爾在史丹佛法學院快畢業前，為《史丹佛評論》寫了最後一篇社論，文中他嘲諷人文學家對圖利職涯的嗤之以鼻，他們在「公法」的生涯中尋求自我實現。「貪婪的另一種選擇不是自我實現或得到幸福，而是對那些能成就更有價值者的怨恨和嫉妒。」他並認為，提爾提出管理顧問、投資銀行、期權交易和房地產開發等領域的具體工作是更有價值的事業，參與新

創企業也是選項之一，只是在當時的時空背景下，那些並非尋常的職業選擇方向。

提爾並未以他過去一貫的優異成績自法學院畢業。他第一次質疑取得優異成績的用意。為什麼一定要以優異的成績畢業呢？

在此之前，提爾的求學之途一路順遂，進入符合美國標準的菁英大學，並取得進入一流但保守職涯的門票。

2014 年，他在好友提摩西・費里斯主持的節目中批評自己「典範」般的教育過程。「如果有才華的年輕人全就讀同一所菁英大學、全都主修其中少數幾個科系，最後又一窩蜂地湧進少數幾個行業，這樣的社會肯定出了問題。我認為如果捫心自問：『你想要什麼樣的生活？』上面所說的一定是最狹隘的答案。這不僅窄化了社會思維，也嚴重局限了學生的視野。當我回顧自己在史丹佛法學院的那些年，我發現當時的我也是如此。有好成績或考試得高分，才能保證前途無量嗎？還是我真的很想當律師呢？我有正確答案，也有錯誤答案。但 20 歲出頭的我，太執著於錯誤的答案了。」提爾在專訪中強調，他不喜歡「教育」這個詞，因為它「格外抽象」。現在他對「認證」一詞也抱持著懷疑的態度。他預見了現今社會正置身於一個被誤導的「教育泡沫」之中，我們必須盡快逃離。

2

危機就是轉機：
競爭是留給失敗者的

/ / / / / /

共計 7 個月又 3 天。
——彼得・提爾談及在律師事務所的歲月

終極競爭：在紐約遭遇的挫敗

　　1992 年，24 歲的提爾在史丹佛法學院畢業後便隻身前往亞特蘭大，開始了他的第一份工作——在亞特蘭大擔任一年的書記官。

　　在這段時間，他做了人生中第一個對未來方向影響深遠的決定，也讓他一向堅定成為法學家的職涯規畫陷入動搖。提爾曾應聯邦大法官安東寧・史卡利亞（Antonin Scalia）的邀請，到最高法院面試助理工作。史卡利亞 1986 年由雷根總統任命為大法官，擔任最高法院大法官將近 30 年，2016 年 2 月以 79 歲之齡去世，是過去 25 年美國聯邦法院最重要的大法官。史卡利亞以立場保守聞名，提爾和他基本上屬於磁場相近的人。根據提爾的說法，他在面試中過程順利，目標近在咫尺；但

他落選了。對一個一路上屢屢過關斬將的常勝軍而言，這簡直就像世界末日。2016 年，他在為漢密爾頓學院（Hamilton College）法學院大學畢業生演講時坦言，這件事當時對他簡直是「晴天霹靂」。

之後他搬到紐約，進入蘇利文與克倫威爾（Sullivan & Cromwell）國際律師事務所。和多數法律事務所一樣，年輕的畢業生必須日以繼夜地工作，或許才能在 8 年後成為合夥人。雖然他每週得上班 80 個小時，但是這工作對他而言沒什麼挑戰性。提爾環顧四周與他競爭未來和升遷的對手，愈來愈質疑這種迄今在他求學過程中扮演核心角色的競爭模式。這段紐約歲月在他的記憶中是他「生活的危機」。他在多次專訪中談及他對「菁英式」律師和事務所生活的另類看法：「站在門外的人爭破頭想進來，在裡面的人則迫不及待想出去。」提爾至今還戲稱，他可以準確說出他在事務所擔任律師的時間，連天數也記得一清二楚：「共計 7 個月又 3 天。」這種錙銖必較的計算方式，令人聯想到囚犯蹲苦牢的悲慘歲月。當他毅然決然離開事務所時，他的同事都感到很驚訝。提爾說，其中有人認為：「壓根沒想過有人能夠逃離惡魔島。」惡魔島曾是座落在舊金山灣區、全美最森嚴的監獄島嶼，被用來比喻事務所的嚴厲職場環境。提爾每次講到這一段經歷時，總是開懷大笑；但仍身陷其中的人，肯定很難如此釋懷。提爾認為，或許他們為了目前的地位付出太高的代價，以致無法輕易地放棄。

在漢密爾頓學院演講時，提爾談及他過往的經驗：2004

年，在他賣掉一手創辦的 PayPal 之後，巧遇一位法學院的老友，他曾幫提爾準備爭取那個法官的工作。老友劈頭第一句話不是：「你好嗎？」或「真不敢相信時間過得這麼快。」他反而笑著問我：「彼得，現在是不是很高興當時沒有得到那份工作？」

提爾回顧過去，對於沒當上法官和放棄律師職務，他並不感到惋惜。「如果當初贏了那場法官助理工作的終極競爭，我的人生只會變得比較糟。」他在《從 0 到 1》中這麼寫道。法院的工作只會讓他終日疲於處理他人的合約和事業，而不是創造新事物。

提爾建議學生，指引他們走向屬於自己的成功職涯：「無論當下的挫折有多麼沮喪，總是能找到更有價值的職涯方向。」他想成為律師的野心，現在看來，對他並非未來的計畫，而只是「為當時情況的辯解」，特別是為了向父母和周遭朋友證明：一切都沒問題，自己正「走在正軌上」。但現在看來，走在來時路上的他對於這條路將通往何處，從不曾質疑過，這才是他最大的問題。

這番話已經回答了提爾自己「是否真的很想當律師」的問題。但 2011 年，在接受《史丹佛律師》（*Stanford Lawyer*）雜誌專訪時，他曾透露法律課程為他日後擔任企業家的工作奠定了很好的基礎。法律是一種「跨領域」的學科，「法律系學生學習各種不同的領域，探索各種領域之間的相互作用」。此外，還有許多「彼此相互重疊的特定能力，例如處理和彙整大

量資訊的能力」。所以現在看來，在史丹佛念法律的那幾年真的是「非常值得」。

　　1993 至 1996 年間，提爾在紐約的瑞士信貸集團擔任衍生商品經紀人，他學會了評估和分析財產價值的方法，當時他的年薪有 10 萬美元。他的室友年長提爾幾歲，年薪高達 30 萬美元，卻還必須向父親借錢。紐約生活大不易啊！在金融產業工作，必須西裝筆挺，還得不時出入高檔餐廳。「紐約」是地位思維的縮影，因此競爭壓力更不在話下。摩天大樓林立的城市象徵著事業的起起伏伏。當你置身在摩天大樓之中，根據你所在的位置，往上仰望或往下俯視。然而，酷愛競爭的提爾卻拒絕這種「近身肉搏戰」的方式。紐約的法則給人一種幽閉恐懼感，讓他不禁想到吉拉爾的著作。紐約是吉拉爾闡述其「模仿理論」的最佳範例。對提爾而言，高物價再加上無情的競爭壓力，讓紐約變成了一場零和遊戲。

　　但是命運是諷刺的，若干年後，《華爾街日報》以斗大的標題「競爭是留給失敗者的」預告《從 0 到 1》的新書上市。與提爾在紐約短暫的失敗相對比，這標題可說是恰如其分。提爾想必沒有考慮太久，就毅然離開紐約，回到加州矽谷。

Next Big Thing：網際網路的爆炸性發展

　　1996 年，提爾結束他短暫的紐約生活，回到矽谷時，該

地正經歷一場重大的技術變革。90 年代的上半場是微軟和英特爾雙雄爭霸，雄踞了整個電腦市場。媒體甚至還自創了縮寫「WinTel」，代表電腦時代兩大龍頭企業緊密的合作關係。80 年代蘋果與 IBM 和微軟爭奪電腦市場的主導地位之爭已然落幕。市場角色劃分很簡單：微軟開發出 Windows 和 Office 兩大金雞母，英特爾則開發出功能強大的全新微處理器。這兩大企業瓜分了市場的大部分利潤，電腦進駐了辦公室和家庭。微軟老闆比爾‧蓋茲看到了每個家庭都將擁有一台電腦的願景。當時的矽谷正面臨一種心理危機：蘋果利用滑鼠和圖形使用者介面等創意推動了個人電腦創新，但大發利市的卻是美國東岸的剽竊者。

　　微軟和比爾‧蓋茲因厚顏無恥地剽竊創新，得以寡斷地位強壓市場，並因此賺取暴利，因而遭到矽谷各界不齒。矽谷積極尋找「下一個重大發展」。當時的美國副總統艾爾‧高爾提出為美國創造 21 世紀康莊大道的「資訊高速公路」和「隨選視訊服務」等概念，但是當時沒有人知道該如何實現數據高速公路的願景。伊利諾大學資訊系的學生馬克‧安德森是實現此願景的一大推手。1993 年，安德森在伊利諾大學研發出命名為「Mosaic」的網頁瀏覽器，這種瀏覽器可在許多不同的電腦平台上運行。其運用基礎為提姆‧柏內茲—李（Tim Berners-Lee）在日內瓦 CERN 研究中心（歐洲核子研究組織）研發的 World Wide Web 標準。利用他所研發的 HTML 編寫語言可以輕鬆、快速地利用文字、圖片、聲音和影片建立多媒體內容。

　　1993 年底，安德森將該瀏覽器放到網際網路上，它就像病毒般快速傳播，迅速成為熱門下載軟體。一開始只有一些科技怪咖注意到，後來在媒體的推波助瀾之下，愈來愈多消費者和商業人士也開始安裝這個瀏覽器，爆炸性地形成了最早附有內容和服務的網頁。柏內茲—李勾勒出網際網路的模樣，安德森則藉由該瀏覽器接觸到大眾。安德森後來搬到矽谷，遇到了視算科技（Silicon-Graphics）創辦人吉姆‧克拉克（Jim Clark）。視算科技是當時矽谷科技企業中數一數二的優秀公司，吉姆‧克拉克則是最具有影響力的人之一。克拉克很快就發現瀏覽器的商業潛能和安德森的科技潛能。他找上後來也投資了亞馬遜和 Google 的風險投資公司凱鵬華盈（Kleiner Perkins Caufield & Byers）的約翰‧杜爾（John Doerr）作為投資人。在伊利諾大學索回「Mosaic」的商標版權後，他們決定將新公司更名為「網景通訊」。網景迅速擴大發展，1995 年夏天，已經擁有超過百名員工、超過千萬名使用者，且除了瀏覽器，該公司還推出各種服務產品。網景是第一家採取所謂「兩面」商業模式的網路公司──使用者可免費下載瀏覽器，但公司行號必須向網景購買操作網頁必要之軟體的授權金。

　　網景的銷售速度堪稱秒殺，營業額在短短幾個月後更成長到數千萬美元之多。此時，約翰‧杜爾認為上市時機已經成熟。「網際網路」瞬間成了各大媒體頭條以及新聞標題的寵兒，網景則是最佳啦啦隊隊長。1995 年 8 月 9 日，該公司成立 14 個月後，在華爾街正式掛牌上市，股票價值每股 28 美元，

市值相當於 10 億美元。這對一家銷售額才 1,700 萬美元，虧損
1,300 萬美元的公司來說，結果還算不錯。華爾街高度看好這
支股票的前景，熱烈歡迎網路概念股和網景的加入。網景在紐
約那斯達克掛牌上市的第一張股票定價 71 美元。在第一個交
易日結束時，股市看板上的價格為 58.25 美元，創下相當於 27
億美元這神話般的市值。隔天，《華爾街日報》以頭版報導，
網景在短短數分鐘內就達到了通用動力（General Dynamics）
這種大集團歷經 43 年才有的成果，這是網路時代爆炸性動態
成長的最佳證明。矽谷誕生了一顆新星，報章媒體爭相稱譽馬
克‧安德森為網路神童和第二個比爾‧蓋茲，《時代》雜誌甚
至封他為年度風雲人物。矽谷人的自我理解再次重整，人們看
到了利用與設備無關的瀏覽器技術粉碎微軟壓倒性優勢的契
機。瀏覽器甚至被視為一種新的作業系統，於是網景成了新的
微軟。

羅伯特‧里德（Robert Reid）於 1996 年底，在他的《網
路創世紀》（*Architects of the Web: 1,000 Days that Built the
Future of Business*）一書中提到以下事實，證明網際網路對媒
體、股市和就業市場造成的顛覆性影響：

· 美國有超過 3,000 萬人、美國以外則有超過 1,000 萬
　人，已經在使用網際網路。
· Yahoo!、ESPNET 和網景等網站的影響力已經超過《新
　聞週刊》《富比士》或是《運動畫刊》等知名雜誌。

- 愈來愈多人將幸運豪賭在新創企業上，以期能透過認股權致富；投入這股新世代淘金熱的人數比 1849 年加州淘金熱時期的人還多。
- 股市張開雙臂歡迎網路這支新的成長股，並以高額市值評估看好其未來的成長。
- 許多網路新創企業才剛成立一、兩年，商業模式也尚未成熟，就急於掛牌上市，例如 Yahoo!（1996 年）、亞馬遜（1997 年）和 eBay（1998 年）。

PayPal 的誕生

矽谷再一次蛻變了！提爾回歸矽谷時，正值網際網路熱潮正要起飛之時。他搬到門羅公園附近只有一個房間的公寓，以從親朋好友那裡籌到的 100 萬美元創辦了自己的對沖基金 Thiel Capital。隔年他結識了 21 歲就勇闖矽谷的盧克‧諾斯克（Luke Nosek）。諾斯克和馬克‧安德森一樣，畢業於伊利諾大學資訊系，在安德森的網景通訊工作。諾斯克早已具備創業的經驗，他在 1995 年念大學時就和同學馬克斯‧列夫琴（Max Levchin）和史考特‧班尼斯特（Scott Banister）共同創辦了 SponsorNet New Media。諾斯克抵達矽谷後，推出了一個以網路為基礎的日曆服務。提爾看好他的創新想法，並投資了 10 萬美元，但這次的創業以失敗告終，提爾的投資也化為烏有。

諾斯克對提爾感到非常內疚，因為他害提爾血本無歸。眾所皆知，最好的友誼也經不起金錢的摧殘，但提爾和諾斯克卻有截然不同的結果。事實證明，他們歷久彌堅的友情，最後為所有人帶來了巨大的財務成功。馬克斯・列夫琴是個軟體開發天才，一直希望能透過諾斯克認識提爾，並介紹他對創辦數位加密公司的想法；但諾斯克由於為自己的失敗感到羞愧，而遲遲不願為列夫琴引見。

1998 年夏天，提爾應邀到史丹佛擔任客座講座主講人，暢談他最愛的議題：「市場全球化」和「政治自由」，台下其中一位學生正是 23 歲的馬克斯・列夫琴，這位年輕的烏克蘭青年非常欽佩提爾講述的內容。1991 年，蘇聯解體之後，列夫琴成了無國籍人士，與父母來到美國。猶太後裔的他在前蘇聯的時候，無論是教育、住處和工作，總是處處受限。列夫琴一家從基輔移居芝加哥獲得自由後最大的一筆投資，就是幫馬克斯買了一台二手電腦，事後證明這次投資的回報翻了好幾倍。

列夫琴也是一位自由主義思想家，所以他和提爾相談甚歡，一拍即合。列夫琴向提爾介紹了可攜式行動終端裝置（掌上型電腦）加密軟體的想法。90 年代末期，掌上型電腦或個人數位助理器（Personal Digital Assistants, PDA）曾風光一時，特別是配備了觸控筆和觸控螢幕的 Palm Pilot 更是讓商業人士和技術專業人員人手一支，這股風潮持續了約 10 年之久，直到賈伯斯推出用途更廣泛的 iPhone 為止。經過數次會議之後，列夫琴和提爾決定共同成立「Fieldlink」公司，推出適用於諸

如 Palm Pilot 和其他 PDA 的資料加密軟體。提爾一開始透過他的基金公司投資，扮演投資者的角色，但列夫琴說服了他，最後由他擔任執行長一職。

但在創業的亢奮期結束後，很快就出現了每位科技新創者都會面臨的典型問題。Palm Pilot 商業應用的市場太小了，儘管市場上已經有數百萬支 Palm Pilot，但誰對加密資料有興趣？用途何在？另外從潛在金主的角度來看，最關鍵的問題是：該如何賺到錢？還好提爾擁有金融產業的背景，想法似乎隨手可得——他們將焦點放在支付市場上，當時該平台還沒有能夠滿足客戶所有要求的相關技術產品。信用卡和自動提款機雖然非常普及，但仍有許多限制，只有具備相關許可條件和技術設備的經銷商才能處理信用卡支付程序，而客戶想進行支付時，自動提款機也不是到處都有。除此之外，在美國就只剩下使用支票一途，但支票必須到銀行臨櫃兌錢，而且還要等候數日才能真正取到錢。

因此，對提爾和列夫琴而言，新公司的主攻方向不言而喻：市場亟需取代過時的現金支付方式的方案，市場需要一種能夠讓個人之間進行支付的新技術，他們認為這就是 Fieldlink 的最佳定位。列夫琴的加密軟體能在支付交易過程中提供安全性和機密性，而 Palm Pilot 則能當作數位錢包使用。為了讓這整個程序符合使用者所期望的便利性，加密的現金流應透過紅外線介面從一台 Palm Pilot「發射到」到另一台，殺手級的應用眼看就要呼之欲出。

　　再來是命名的問題。「Fieldlink」似乎不適合最後定位的具體商業用途，因此兩人將新公司命名為「Confinity」——「confidence」（信任）和「infinity」（無限）兩概念的合體。

　　公司的第一批員工也陸續就定位。列夫琴雇用了三位母校畢業的資訊系校友，提爾則引進了《史丹佛評論》前編輯肯·豪利。在豪利之後陸續加入的其他鐵粉，都是提爾在辦《評論》期間結識的親信。豪利在 PayPal 扮演非常關鍵的角色，他不僅為 PayPal 募得超過 2 億美元的創投資本，同時也擔任首席財務官，參與 PayPal 的首次公開募股和隨後出售給 eBay 的計畫。此外，這位年輕的新創人還成功延攬到公開密鑰加密術（Public-Key-Kryptographie）發明人馬蒂·赫爾曼（Marty Hellman），以及支付服務供應商 Verifone 的創辦人比爾·梅爾頓（Bill Melton），這兩位都是具有高度專業知識的知名人士。提爾、列夫琴、豪利和諾斯克，終於在 1998 年 12 月共同創辦了「Confinity」。

　　公司成立後面臨的第一個挑戰是：如何在沒有相應銷售實績的情況下，說服風險投資人相信這是有利可圖的革命性商業模式？和許多矽谷的公司一樣，提爾和列夫琴善於營造新創企業的完美形象。在 1999 年的記者招待會上，他們成功贏得諾基亞投資公司和德意志銀行兩大投資人的首肯，他們還透過 Palm Pilot「發射」450 萬美元給提爾。這場現場演出造成媒體轟動，就連知名的《連線》（Wired）雜誌以及《國際先驅論壇報》（International Herald Tribune）也高調報導了這件事。

圖表2-1　PayPal公司歷史沿革

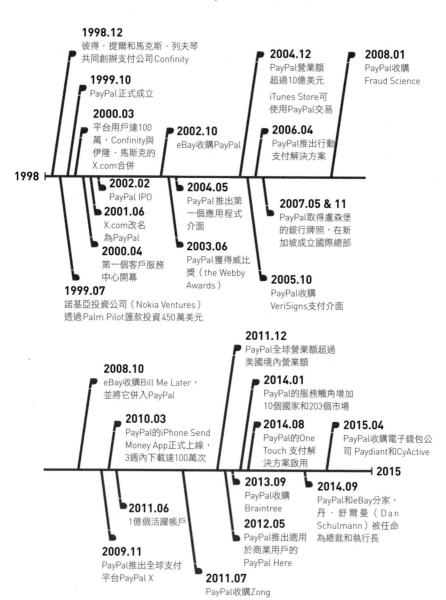

1998.12
彼得‧提爾和馬克斯‧列夫琴
共同創辦支付公司Confinity

1999.10
PayPal正式成立

2000.03
平台用戶達100
萬，Confinity與
伊隆‧馬斯克的
X.com合併

2002.10
eBay收購PayPal

2004.12
PayPal營業額
超過10億美元

iTunes Store可
使用PayPal交易

2006.04
PayPal推出行動
支付解決方案

2008.01
PayPal收購
Fraud Science

1998

2002.02
PayPal IPO

2001.06
X.com改名
為PayPal

2000.04
第一個客戶服務
中心開幕

1999.07
諾基亞投資公司（Nokia Ventures）
透過Palm Pilot匯款投資450萬美元

2004.05
PayPal推出第
一個應用程式
介面

2003.06
PayPal獲得威比
獎（the Webby
Awards）

2007.05 & 11
PayPal取得盧森堡
的銀行牌照，在新
加坡成立國際總部

2005.10
PayPal收購
VeriSigns支付介面

2011.12
PayPal全球營業額超過
美國境內營業額

2008.10
eBay收購Bill Me Later，
並將它併入PayPal

2010.03
PayPal的iPhone Send
Money App正式上線，
3週內下載達100萬次

2014.01
PayPal的服務觸角增加
10個國家和203個市場

2014.08
PayPal的One
Touch 支付解
決方案啟用

2015.04
PayPal收購電子錢包公
司 Paydiant和CyActive

2015

2011.06
1億個活躍帳戶

2009.11
PayPal推出全球支付
平台PayPal X

2013.09
PayPal收購
Braintree

2012.05
PayPal推出適用
於商業用戶的
PayPal Here

2011.07
PayPal收購Zong

2014.09
PayPal和eBay分家，
丹‧舒爾曼（Dan
Schulmann）被任命
為總裁和執行長

然而命運就是這麼諷刺，昔日的兩大金主諾基亞和德意志銀行如今黯淡無光。源自於 Confinity 的 PayPal 在 2017 年初市值達 470 億歐元，德意志銀行（250 億歐元）和諾基亞（180 億歐元）市值相為則為 430 億歐元。此外，PayPal 支付業務還成為德意志銀行的真正競爭對手。

但提爾等人很快就發現，只靠 Palm Pilot 裝置，會導致他們對某一平台的嚴重依賴性，這將限制公司的發展。反正 PayPal 還是需要一個網站來上傳 Palm Pilot 加密的金融交易，因此透過網站提供服務才是上上之策，且如此一來，所有網路使用者也會變成他們的潛在客戶。由於可以免費註冊，因此使用 PayPal 的進入門檻很低，但關鍵是成為使用者識別身分的電子郵件地址。使用者可在 PayPal 網站上直接填上匯款金額和受款人的電子郵件地址，然後寄出，即可以最簡單的方法讓金錢「瞬間轉移」，即使受款人不是 PayPal 用戶也無妨。根據當時網站的說法，該商業模式的獲利基礎在於針對短暫停留在 PayPal 系統中的款項收取利息，從中獲取收益。

其實 PayPal 的服務不僅是免費和方便的匯款服務，PayPal 也是行銷和銷售的先驅。網路時代的其他新創企業大肆投資在只能觸及少數目標客群的廣告，諸如 TVSpots、報紙廣告或矽谷和美國盛行的巨型廣告看板等，PayPal 創辦人的想法卻與眾不同。PayPal 推出紅利活動，凡是完成註冊且成功連結信用卡的用戶，可獲取 10 美元的紅利金。好康還不僅於此，每位 PayPal 用戶每成功推薦一位用戶，可再獲得 10 美元紅利金。

這種行銷方式後來被稱為「病毒式行銷」，因為這項紅利活動快速發揮巨大作用。PayPal 平台於 1999 年 10 月正式上線，2000 年 3 月就達到百萬用戶量。提爾非常滿意這個成果，他舉出三個成功的因素：

· 廣告費用應用在用戶成長，是最好的投資。
· 滾雪球效應生效了：新註冊的用戶邀請其他朋友加入，朋友再邀請朋友，一傳十、十傳百。
· PayPal 成為市場先驅，每增加一位新用戶，PayPal 所提供的匯款服務就更加值好幾倍。

　　提爾乘勝追擊：PayPal 的用戶量暴增，因此 2000 年 1 月，提爾得以在新一輪的融資募款中，成功從包括高盛集團在內的投資者手上，募得共計 2,300 萬美元。這筆資金解決了他們的燃眉之急，畢竟新公司的支出也以令人擔憂的速度攀升。基本上，這家新創公司不僅尚無收入，還必須匯給每位新註冊用戶 10 美元；而用戶連結的信用卡後來也變成公司營收的黑洞，因為每一筆透過與 PayPal 連結的信用卡交易，Visa 和 Mastercard 信用卡公司會收取 2% 的手續費。新聘人員和連帶產生的成本同樣也讓這間年輕公司雪上加霜。然而災難好像還不夠一樣，這時候新的競爭對手 X.com 悄悄浮上水面。

強敵的出現與合併：伊隆・馬斯克和 X.com

　　PayPal 才正要起飛，提爾和他的團隊卻面臨競爭對手 X.com 的來襲。X.com 是伊隆・馬斯克在 1999 年 3 月所成立。馬斯克生於南非，為逃避當時種族隔離制度下的強制兵役，在他 17 歲那年移居北美。1995 年，他完成經濟學和物理學學位後進入矽谷。他和他兄弟創辦了名為 Zip2 的新創公司，Zip2 是一種電子商務目錄，類似 Google Map 的前身。隨著網路熱潮盛行，Zip2 引起康柏電腦（Compaq）的關注，後者並於 1999 年 2 月以高達 3.07 億美元的天價收購了該公司。馬斯克從這筆交易中獲利約 2,200 萬美元，他立即投入 1,000 萬美元成立新公司 X.com。馬斯克希望藉由 X.com 建立一個能提供各種金融服務的終極金融入口網站，使用者可以在這個網站上滿足所有與金融相關的需求。X.com 擁有自己的銀行牌照，可以為客戶開立真正的銀行帳戶。最重要的是，它還具備一項與 PayPal 非常相似的匯款服務：新用戶完成註冊手續，X.com 立刻奉上 20 美元紅利金！硬是把 PayPal 的 10 美元給比了下去。提爾和其他團隊成員心裡響起警訊：怎麼會有競爭對手可以在這麼短的時間內複製他們的成功條件？

　　提爾非常明白，用戶人數成長才能帶來真正的網絡效應，成長是最關鍵的因素。當時，他的想法也走在時代最前端，他還不時向員工說明網絡理論的法則。「梅特卡夫法則」（Metcalfe's Law）源自於乙太網路標準發明人暨 3Com 公司

創辦人羅伯特・梅特卡夫（Robert Metcalfe）所提的理論，其內容是：一個網路的使用者人數翻倍，該網路的價值就會變成 4 倍（即使用者人數的平方）。換句話說，公司的價值等於用戶人數的平方，用戶人數增加，代表公司更有價值，因爲相較於整體網路的持續成長，取得一名新網路用戶的成本會逐漸遞減。這就是要讓網路公司獲利，變成長期金礦的最關鍵條件。

　　PayPal 在各方面急遽成長後，開始增加新的賣點，以與 X.com 區隔。但 X.com 緊追不捨，幾乎同步複製他們的新功能，提爾面臨了致命的難關。他很清楚，平台業務只能有一個霸主，但他厭惡競爭，不希望正面對決而搞得兩敗俱傷。他知道，持續與對手曠日廢時地正面交鋒，勢必會削減團隊的精力，損及企業市值。在吉拉爾的理論和著作的薰陶之下，他認爲避免最終的衝突才更有意義。

　　於是震驚市場的驚人之舉發生了：2000 年 3 月，X.com 和 Confinity 宣布合併。他們合併的理由非常扣人心弦：雙方願與最頑強的競爭對手達成和平協議，攜手合作，實現提爾對數位化支付領域的世界霸主願景。X.com 帶來了所有的武器，包括銀行牌照、銀行帳戶開立業務和琳瑯滿目的金融產品組合，以期將客戶成長轉化爲白花花的銀子。這一切聽起來都像是最有策略的計畫和迷人的邏輯，隨著魅力十足的成功企業家伊隆・馬斯克的加入，這應該就是一場完美的策略性合併計畫。

　　提爾再次證明他對洞悉情勢的敏感度。2000 年初，美國股市前景一片大好，分析師和經濟學家預言新經濟（New

Economy）將帶動時代起飛，帶來穩定且持久的經濟增長。提爾善於分析總體的經濟關係，深知此時必須更加強油門力道，尤其 2000 年 2 月，《華爾街日報》才評估 PayPal 的市值高達 5 億美元。

2000 年 3 月，那斯達克科技類股短短 4 個月內就從 2,000 點狂飆到 5,000 點，創下歷史新高，新發行的股票大多在第一個股票交易日價格就翻了 2 倍或 3 倍。提爾知道，市場已處於一個大泡沫中。美國聯準會主席葛林斯潘（Alan Greenspan）不是早在 1996 年 12 月就評論說股市投資人的行為是「非理性繁榮」？因此，他們必須抓住機會，盡快進行大規模融資，才能讓這個資金匱乏的新創企業得以度過危機。

就像 F1 賽車手必須在最短時間內決定何時該進站加油、加多少油，在最佳時機為企業注入資金對新創企業創辦人也是最高的藝術。不久的未來也證實，提爾擁有不可思議的嗅覺靈敏度。在芝加哥的 Madison Dearborn Partners 私募股權公司、JP 摩根大通、日本網路投資公司光通信株式會社（Hikari Tsushin）以及 PayPal 和 X.com 的許多投資人帶領下，成功籌募了 1 億美元的資金。美國聯準會也意識到情況的緊迫性，於 2000 年 3 月升息 125 基點，以因應通膨趨勢，那斯達克到 4 月中可望降 1,500 點。提爾指示他的財務團隊盡快將投資人的 1 億美元匯至 PayPal。因為他知道，當市場轉弱時，投資人是很善變的。看來一切都在最好的狀況下：資金充沛、公司持續成長，並且和最重要的競爭對手合併了。

合併的痛和叛變：伊隆‧馬斯克擔任執行長

　　為了對外展現 PayPal 團結和重視專業的形象，PayPal 由經驗豐富的經理人比爾‧哈里斯（Bill Harris）擔任公司執行長一職。哈里斯曾擔任財捷集團（Intuit，主要製作金融和退稅相關的軟體）執行長，在業界聲譽極佳。PayPal 和 X.com 合併後，馬斯克一開始擔任監事會主席一職。提爾告訴員工，為了讓 PayPal 更上一層樓，交棒給哈里斯的時機到了。雖說兩公司是「平等合併」，但對於許多 PayPal 員工而言，更像是被 X.com 和伊隆‧馬斯克給併購，而且後來他們很快也發現，比爾‧哈里斯的集團經驗和思維，對發展性極高的新創公司 PayPal 而言，阻力大於助力。哈里斯不著眼於消弭高額的虧損以及整合兩公司的技術平台，而是另闢戰場，將公司的產能轉向與其他網路公司進行新的策略性合作。

　　這項措施雖然短時間內未在財務數據上顯露敗象，但員工早已失去耐性。不久，比爾‧哈里斯被解除了執行長職務，改由馬斯克接任，提爾則擔任監事會主席。馬斯克一上任立即大刀闊斧，試圖大砍公司原有的燒錢舉措，例如新用戶的紅利從 10 美元降至 5 美元，此舉確實頗有斬獲；他也試圖降低信用卡支付的比例及其連帶的高額手續費。緊接著也該執行一些自肥計畫了吧！馬斯克堅持，研發團隊的所有資源應全力專注在植入 X.com 的技術平台上。

　　然而此舉有非常嚴重的缺點：第一，研發團隊將沒有餘力

開發能帶來新營業金流以及拉大與競爭對手距離的新功能，如此一來，合併後的公司等於還要自我整理數個月，等著競爭對手迎頭趕上。對一個正快速成長的新創企業而言，這將會是非常致命的狀態。第二，X.com 的平台採用 Windows NT 系統，PayPal 系統則以 Unix 為基礎。負責技術部的馬克斯‧列夫琴和他那批死忠的開發人員認為，這麼做將會出現嚴重的問題。千禧年之際，Windows NT 在重要的商業條件和金融交易應用方面，尚未取得令人信任的穩固地位，不論是性能表現、規模、穩定性和安全性，都不如 Unix 系統。由於 PayPal 的新用戶仍在快速成長中，轉換平台無疑是在活人身上動一場毫無把握的刀。除此之外，馬斯克還有驚人之舉，更讓公司許多人憂心忡忡——他想要移除網站上的 PayPal 標誌，以 X.com 取而代之。雖然所有行銷調查結果皆顯示使用者對 PayPal 品牌的接受度高於 X.com，但馬斯克仍堅持己見。

　　看來必須用力踩下緊急煞車了。監事會意識到危機，正視經營團隊和員工的憂心，於是 2000 年 10 月，當馬斯克在澳洲夏季奧運會會場時，被解除了 PayPal 執行長的職務，離他上任僅短短半年時間。監事會若再不出手，恐怕會有大量員工出走，勢必導致 PayPal 陷入強烈動盪。新任的臨時執行長則由老將彼得‧提爾暫代。被解任一事，馬斯克欣然接受，這件事也沒有鬧到滿城風雨。提爾重拾公司的創業精神——辯論式的創意文化，再次歸隊，公司上下全力專注於為產品開發新的功能，挽救收入後繼無力的窘境。提爾決定將 PayPal 定位為支付

服務業者，以和馬斯克的金融超市願景有所區隔。

與 eBay 的爾虞我詐：在大象背上玩火

　　e-Commerce 市場真的起飛了，線上拍賣和市場龍頭 eBay 已經形成一股風潮。eBay 是 PayPal 成長的真正動力來源。愈來愈多商家見識到在市場上擁有線上業務據點的優勢，PayPal 團隊看到潛在客戶的需求，靈機一動推出付費的商務客戶服務，為他們提供比信用卡結帳更迷人的價格優惠。商務客戶對 PayPal 來說是大客群，有助於 PayPal 獲利，能為其營業額成長帶來可觀的貢獻。在有效的行銷之下，這套做法的成效愈來愈明顯，但公司的虧損還是很龐大。隨著 PayPal 在 eBay 網頁上的能見度愈來愈高，愈發觸動 eBay 的警覺心。eBay 也是 PayPal 的眼中刺，它以 Billpoint 品牌發展出自家的支付服務。於是 PayPal 和 eBay 之間不時為了爭取新功能而上演野兔與刺蝟的遊戲。eBay 巧妙地試圖扮演其為 PayPal 平台的壟斷者和所有者的角色，但即使竭盡一切所能，eBay 服務的市場占有率仍不見明顯提升。eBay 的客戶對 PayPal 情有獨鍾，無論 eBay 怎麼做，客戶還是愛用 PayPal。PayPal 已經成功建立品牌，而且是站在拍賣巨象 eBay 的背上。但與此同時，PayPal 對 eBay 的銷售依賴性也逐漸增加，有超過 60% 的營業額源自於 eBay 平台。PayPal 亟需能帶來新成長，但也能降低對寡斷龍頭 eBay

依賴性的新市場。PayPal 心知肚明，一旦 eBay 驟然與 PayPal 劃清界線，PayPal 就會像紙牌屋般瞬間崩潰。

「拉斯維加斯策略」應該就是最終解決方法，PayPal 相中了線上遊戲和賭場的龐大市場。這個產業當時就有高達數十億美元的規模，PayPal 也想分杯羹。PayPal 以集中式銷售方式找上前幾大業者，試圖說服他們以 PayPal 為支付方式。這策略成功了，PayPal 的營業額暴增，PayPal 對 eBay 的依賴性也大減，但仍無法完全逃脫。

在凜冽寒冬逆勢出擊：PayPal 掛牌上市

2000 年 3 月開始，全球股市一路慘跌，特別是那斯達克和科技類股。除了一些財務醜聞，許多網路公司和商業模式也有如曇花一現。分析師列出了即將彈盡糧絕的「死亡企業清單」。短短兩年內，網路股在投資圈中從印鈔機變成了燒錢機，更糟糕的是又發生了 911 事件。在恐攻氛圍之下，歐美國家陷入震驚。長期陷入谷底的經濟衰退似乎已無可避免。PayPal 當時募集了約 2 億美元風險資本，依舊無法縮小收入和支出的差異，進而創造獲利。

提爾再次有了驚人之舉，就在 911 事件後數星期，當世界經濟，特別是資本市場的前景混沌不明之際，PayPal 宣布正式在那斯達克掛牌上市。提爾認為，首次公開發行股票流程加上

招股說明等程序需耗時數月之久，足以讓資本市場恢復元氣，且屆時全球經濟情勢也將更爲明朗。提爾再次以逆向思考證明他獨到的眼光。各界都以爲 911 事件將給股市致命一擊，但事實上，那斯達克確實是在 PayPal 準備上市期間，也就是一直到 2002 年春天，蟄伏休養。

　　此外，PayPal 自詡爲平靜無波的 IPO 破冰船，PayPal 以此高調宣示，如果這家公司能在逆境中順利上市，就代表其實力不容小覷。PayPal 利用這個時機，終於在 2002 年 2 月 15 日風光上市。由投資銀行所羅門美邦銀行（Salomon Smith Barney）以每股 13 美元的價格承銷 540 萬張股票。PayPal 股票上市時，市值預估達 8 億美元。謹慎評估的股票發行價有了正面回報，第一個交易日，PayPal 股票最高漲到 22 美元，最後收在 20 美元，足足上漲 50%，創下近年來股市最高漲幅。提爾達到他的第一個短期目標，IPO 不僅帶來額外的資本，更贏得對 PayPal 這種金融科技企業而言最重要的信任和知名度。如今，PayPal 成功上市，提爾之前專注於用戶數成長的堅持也將得到回報，PayPal 開始獲利了。然而，隨著股票上市，PayPal 也出現了新的競爭者和挑戰。各州的金融監管單位開始積極關注 PayPal，還會要求公司出面說明。在此之前，PayPal 都能優雅地躲過嚴格的監管規定。而且因爲對 eBay 的經濟依賴性仍居高不下，PayPal 的經營情況依舊脆弱不堪。該如何擺脫這個箝制呢？

吃人或是被吃：賣給 eBay

2000 年夏天，PayPal 即將被收購的傳言甚囂塵上，買家可能是銀行、信用卡公司或是 eBay 本身。eBay 和 PayPal 的管理階層經常意見分歧，但 eBay 董事長梅格‧惠特曼（Meg Whitman）拍板決定，於 2002 年 7 月 8 日宣布以 15 億美元收購 PayPal 的股權，該交易於 2002 年 10 月正式完成。eBay 會員使用 PayPal 的比例高達 70%，eBay 不得不承認，自家推出的 Billpoint 支付服務不是 PayPal 的對手。雙方最終達成雙贏局面，eBay 取得整體價值供應鏈的全權掌控權，包括其平台上的現金流量。對 PayPal 和其管理階層而言，與 eBay 在經濟關係的不確定性因素已然消失。在法律上，PayPal 仍是 eBay 下的獨立單位，但支付服務最終則完全內建於 eBay 的平台。

在收購過程中，財經媒體竭盡冷嘲熱諷之能事。一名分析師告訴《紐約時報》，PayPal 剛開始的目標是「建立獨一無二的網路支付平台」，但現在卻淪落在小眾的拍賣市場上。

而 eBay 和 PayPal 很快就發現，雙方的管理文化差異太大。eBay 重視形式，傾向於大企業文化，員工個個都是擅長長篇大論的 PowerPoint 簡報高手；PayPal 團隊的企業精神則截然不同。於是由彼得‧提爾、馬克斯‧列夫琴、大衛‧薩克斯、里德‧霍夫曼和盧克‧諾斯克領軍的 PayPal 經營團隊陸續離開，eBay 也無心留住他們，只關心 PayPal 的技術平台。

世界級團隊：PayPal 黑手黨

　　節奏迅速的矽谷也上演著周而復始的故事，不時可以聽聞某公司前任整組人事團隊又在某處締造了令人津津樂道的豐功偉業。60 到 80 年代初，被稱之「八叛逆」的八人組創辦了昔日叱吒半導體市場的仙童半導體公司，其中的羅伯特·諾伊斯（Robert Noyce）和高登·摩爾（Gordon Moore）後來成立了英特爾，聲名遠播到矽谷之外。他們當年個個具備離開原公司高階地位的勇氣，歸零重新開始。而今，PayPal 創辦人的輝煌歷史也和仙童半導體公司的創辦人一樣令人嘆為觀止，沒有 PayPal，就沒有特斯拉、SpaceX、LinkedIn、YouTube，或許也沒有我們現今所知的臉書。

　　《富比士》在 2007 年登出一張 PayPal 創辦人的畫像，背景是令人聯想到黑手黨的「暗室」，畫中人物身著皮衣、運動服和金項鍊，一副吊兒郎噹的模樣。自此，「PayPal 黑手黨」的稱號不脛而走。

　　過去這十多年徹底影響矽谷的 PayPal 黑手黨如何形成？未來他們的創意和企業又將如何持續影響矽谷？

　　對大衛·薩克斯而言，他們並不是「PayPal 黑手黨」，而是「Diaspora」（原意是流落他鄉的猶太人）。「簡言之，我們是被驅逐出家園，他們還連我們的寺廟也燒毀了。」對他來說，在 PayPal 的時光有如「火之審判」：「火燒掉了所有的雜質，留下了純鋼。」換句話說，PayPal 以其行事風格設定了一

個新創企業要成功，勢必奉爲圭臬的藍圖。

　　而這些公司的歷史源頭都要溯源到史丹佛大學。PayPal 能成爲這麼多成功科技公司的最重要藍圖之一，其成功因素何在？

　　90 年代末，社群網路還未問世。提爾從一開始就決定想「創辦一個員工彼此之間擁有堅定友情的公司，且友情的重要性高於公司及其經濟成功」。所有員工都不是透過獵人頭公司，而是直接經由史丹佛大學的人脈進入公司。提爾非常信任這幾位 PayPal 的高階員工，包括昔日《史丹佛評論》的主編肯·豪利和大衛·薩克斯，以及里德·霍夫曼。

　　這種人脈關係是必要的，因爲 PayPal 面對的技術性和來自監管機構的挑戰非常巨大，加上與 eBay 以及信用卡龍頭 Mastercard、Visa 的競爭關係，情勢更是雪上加霜。PayPal 團隊開發的服務是一種非常集中型的產品。爲了加速成長，將競爭對手遠遠拋在後頭，他們逐步開發新功能；新功能一開發成功，便立即整合到既有的產品上。這種做法在今天是理所當然，但在當年卻是革命性的。PayPal 服務技術性嵌入 eBay 是 YouTube 服務的基礎，YouTube 同樣也是 PayPal 前員工查德·赫爾利（Chad Hurley）和陳士駿所創辦的，後來以 16.5 億美元賣給 Google。

　　提爾所說的「堅定友情」也使得這些昔日的 PayPal 創辦人，在日後創業時也以投資人的身分互相投資對方。他們賣掉 PayPal 股份時，雖然荷包滿滿，但並未就此安逸享福，而是紛

紛切換到進攻模式，陸續創辦新公司。但 2002 至 2004 年間的
情況非常不樂觀，市場剛經歷過網路泡沫化，B2C 新創企業基
本上找不到資金挹注。於是，這些樂於冒險、歷經 PayPal 淬鍊
成鋼的創辦人透過彼此的專業和財務支援，爲矽谷的成功故事
孕育滋養的土壤。矽谷經歷過數次死劫，但能一而再地站了起
來，這些 PayPal 年輕人厥功至偉。

　　PayPal 重要的前員工以及他們後來的成就：

　　彼得‧提爾是 PayPal 的共同創辦人，曾任該公司執行長，
離開 PayPal 之後成立對沖基金和創辦人基金。他最爲衆人所知
的投資，是以 50 萬美元買下臉書 10.2% 的股份，投資新創時
期的臉書和馬克‧祖克柏。提爾專注於投資不走「Me-too」路
線，而是能夠徹底改變世界的企業，因此他也成立了一個學生
基金，學生如果休學創業，且其創業想法受到提爾青睞，就能
取得 10 萬美元贊助金。

　　馬克斯‧列夫琴是 PayPal 的共同創辦人，曾任該公司首
席技術長。列夫琴主修資訊，專精於數據安全和加密技術，曾
因此獲得《麻省理工科技評論》（*MIT Technology Review*）
雜誌評爲「2002 年度創新人」。列夫琴離開 PayPal 之後，成
立了 Social Gaming Site Slide，後來被 Google 以 1.82 億美元
收購，成爲 Google 自家社群網路 Google+ 的基礎。列夫琴曾
計畫於 2012 年與提爾和俄羅斯西洋棋大師卡斯帕洛夫（Garri
Kasparow）合著《藍圖》（*The Blueprint*）一書，他們預計在

該書中提出當前科技停滯不前的問題，並主張唯有增加對研發的投資才能迎刃而解。但這本書的出版計畫未能付諸實現。

　　盧克・諾斯克是 PayPal 的共同創辦人，曾任該公司的行銷負責人。諾斯克在創辦 PayPal 之前就已和列夫琴有過創業經驗。諾斯克大學主修資訊系，但他具備出色的溝通能力，善於連結專業和技術問題，是 PayPal 新產品創新的頭號催生者。離開 PayPal 後，他和提爾與肯・豪利共同成立創辦人基金，此外，他也是 SpaceX 的監事會成員之一。

　　肯・豪利是 PayPal 的共同創辦人，曾任該公司的首席財務長。豪利在史丹佛大學主修經濟學。離開 PayPal 之後，他重返提爾 Clarium Capital 對沖基金經營團隊，2005 年與提爾和諾斯克共同成立創辦人基金。

　　里德・霍夫曼是在 PayPal 成立後才加入，擔任首席營運長，負責管理公司的每日活動。這位堪稱矽谷人脈網最發達的人後來創辦了 LinkedIn，成為職場最具領先地位的社群網路。除此之外，個性低調、謙虛的霍夫曼對新創企業投資的眼光獨到，他也是臉書、Zynga、Flickr、Digg 和 Last.fm 的投資人，2010 年開始加入 Greylock Partners 風險投資基金公司。

　　伊隆・馬斯克在 eBay 收購 PayPal 時是最大的股東，他從這筆交易共獲得 1.65 億美元的收益。2011 年，*Business Punk* 雜誌曾以「鋼製成的蛋」為標題形容他——這個形容詞源自於馬斯克的第一任妻子。馬斯克懷抱遠大願景，勇於接受挑戰。他以電動車公司特斯拉汽車、航太公司 SpaceX 和太陽能公司

SolarCity，直接挑戰汽車、航太和能源工業三個市場上既有的
競爭對手。馬斯克是個工作狂，也是驍勇善戰的鬥士，深知如
何在困境中取得外援。他在最緊急時刻傾盡所有私人資金逆轉
了特斯拉的頹勢，如今他的淨資產高達約 120 億美元，身價高
居矽谷前茅。投資大師巴菲特的合夥人暨最強右腦查理‧蒙格
曾讚譽馬斯克是天才、最大膽的人。

　　查德‧赫爾利是設計 PayPal 商標的設計師，**陳士駿**則曾在
PayPal 擔任工程師。他們兩人後來創辦了 YouTube 影視平台，
2006 年以 16.5 億美元出售給 Google。

　　傑里米‧斯托普爾曼（Jeremy Stoppelman）在 PayPal 之
後創辦了比價和評論網站 Yelp，消費者可在該網站上發表對餐
廳和商店的評價。斯托普爾曼收到多項收購 Yelp 的計畫（例如
Yahoo），但 2012 年，他堅持讓 Yelp 上市。斯托普爾曼藉由
Yelp 捍衛獨立，並幾番因收購案與 Google 糾纏，而且他從未
讓步。

　　大衛‧薩克斯曾在 PayPal 擔任首席營運長，負責管理公司
的每日活動，之後創辦了企業用社群網路服務 Yammer。2012
年，微軟以 12 億美元收購 Yammer。Yammer 的創業資金來自
提爾的 VC 基金。

　　戴夫‧麥克盧爾（Dave McClure）曾任 PayPal 營銷總監，
後來創辦了一家名為 500 Startups 的創業孵化器，他被視為矽
谷高科技新創公司的超級投資者之一。

　　基思‧拉伯斯離開 PayPal 之後，以天使投資人的身分投資

LinkedIn、YouTube、Yelp 和 Xoom，後來負責行動支付公司
Square 的每日營運直至 2013 年初。在這之間，他創辦了線上
市場 Opendoor，並在 Khosla Ventures 風險投資公司擔任要職，
堪稱是矽谷最具影響力的人之一。

　　PayPal 創辦人的這些發展在在證明他們本身的獨特性，在
eBay 收購後離開 PayPal 的 220 人是七大獨角獸公司（在美國，
獨角獸公司係指市值達 10 億美元以上的新創企業）的基礎。
　　PayPal 前員工創辦的公司和其市值：

- 特斯拉汽車：395 億美元。
- LinkedIn：253 億美元。
- Palantir：200 億美元。
- SpaceX：210 億美元。
- Yelp：26.9 億美元。
- YouTube：16.5 億美元。
- Yammer：12 億美元。

　　甚至連 Google、蘋果及其前員工所創辦的新創公司，也無
法與上列相提並論。

　　前 PayPal 創辦人的成功故事還沒結束，PayPal 黑手黨仍
持續開花結果。里德‧霍夫曼不久前在彭博新聞社的專訪中提

及，前同事的建議對他的重要性以及當他遇到難題時會與誰聯絡。他表示，當遇到必須「Think Big」的挑戰和議題時，他會找伊隆・馬斯克；與大數據相關的問題，就問馬克斯・列夫琴；總體經濟金融問題，就非彼得・提爾莫屬。就連提爾在接受專訪時也不時強調：PayPal 團隊是一個「實力超級堅強的經驗庫」。

3

顛覆常識的經營策略：
PayPal 與 Palantir 的全勝之道

/ / / / /

我學到非常重要的一課：
創辦一個偉大的公司不容易，也不是不可能，而是介於兩者之間。
創業真的很難，但可行。
—— 彼得‧提爾

PayPal 的共同創辦人與首位執行長

　　真正的創業是苦差事！曾經白手起家，從零開始創業的人，深知箇中酸苦。在新市場創辦科技公司更是一大挑戰，科技新創失敗者十之八九其來有自。創業總是與「血水、汗水和淚水」密不可分，儘管付出一切，最終也可能空手而回，只能夢想以出售公司或甚至 IPO 的形式「退出」。媒體一開始認為創業是很有趣的議題，從德國 VOX 電視台推出的「虎穴」（Höhle der Löwen）節目就知道，創業和創新的商業模式備受觀眾青睞。現代人認為創業是一件很酷的事，創辦人經常以時尚紅人的形象在各大雜誌上亮相。現在 20 至 30 歲的年輕世代

不曾經歷過千禧年間網路泡沫化和隨之而來的「盛衰」年代。
但真正的創業者總是在險象環生、颶風肆虐之際嶄露頭角。
本・霍羅維茲（Ben Horowitz）就曾有過這樣的創業切身經
驗，他是矽谷最具影響力的風險投資人之一。2000 年，正當科
技泡沫化情勢最嚴峻之時，他和第一個網路瀏覽器的開發者馬
克・安德森共同創辦第一家雲端概念公司 Loudcloud，歷經多
次起起伏伏之後終於以 16 億美元出售給惠普。他們兩人最後
成立安霍創投（Andreessen Horowitz，又稱 A16Z）風險投資
公司，成為矽谷最具影響力的風險投資人之一。A16Z 的投資
標的包括 Airbnb、臉書、Github、Pinterest、Skype 和推特等
公司。霍羅維茲將他的創業經驗集結在他的著作《什麼才是經
營最難的事？》之中，該書一推出就備受尊崇。在該書中，霍
羅維茲毫不掩飾地揭露創業企業家對事物的看法，並坦言：創
業必須「隨和」，因為你在一個極樂世界裡，琢磨著創新的商
業模式，在這裡彼此必須笑臉以待，和樂相處。根據達爾文的
理論，這是一場「適者生存」或說「富者生存」的遊戲。這本
書強力推薦給有意創業的讀者。

　　霍羅維茲的書名也非常貼近彼得・提爾創辦 PayPal、公
司股票發行一直到出售給 eBay 的經驗。對提爾而言，重要的
不是自己，而是公司，他的所作所為必須成為員工的楷模。許
多企業創辦人有強烈表達自我存在感的需求，因為成功的光環
讓他們失去私人生活和職場世界的原則，以及他們最重要的資
產——與員工的互動關係。但提爾不同，身為 PayPal 董事會主

席，他仍和以前一樣住在他座落在門羅公園只有一個房間的公寓，雖然他的新創企業 PayPal 短短 3 年間已經躋身數十億市值的大企業之列。但他一直到 PayPal 出售給 eBay 後，才移居舊金山。他在《從 0 到 1》中也提及管理團隊薪水的議題：「一個有創投投資的新創公司，初期執行長的年薪絕對不能超過 15 萬美元。」如果執行長的年薪超過 30 萬美元，「他可能更像是政客，而不像創業者」。高薪會給他維持現狀的誘因，這對新創企業絕對是致命傷。提爾以美國雲端科技公司 Box 的執行長亞倫・李維（Aaron Levie）為例，李維將這個「企業客戶的保險箱」變成了數十億美元市值的企業，但他領的薪水比同事少，創立 Box 過了 4 年還住在「只有一個房間的公寓，裡面除了床墊之外沒有其他家具」。

　　除了有刷存在感的需求以外，企業家也常錯失了退場的正確時機。他們常固守在工作和公司，認為只有自己可以繼續領導公司走下去。歷史中不乏錯失交棒時機的成功創辦人。不過提爾不是這種人。一直以來，他最喜歡擔任投資人的角色，他把在 PayPal 擔任執行長的那段時間視為「臨演」；這點和巴菲特有異曲同工之妙。巴菲特在收購波克夏紡織公司（Berkshire Hathaway）後，很快就意識到自己的未來不在此。於是他將波克夏轉型成控股公司，然後專注在自己最在行的事：搜尋和收購被低估的一流企業。

　　提爾歸納出在 PayPal 期間，兩次辭去執行長一職的重要時機點。第一個時機是 PayPal 與伊隆・馬斯克的 X.com 合併時，

提爾在寫給全體員工的一封電子郵件中說明他退居董事會主席的原因，他說：「在日夜不休工作了 17 個月後，我已經精疲力竭⋯⋯」他認為自己比較像是幻想家而不是經理人，兩公司合併後的轉型過程需要具體落實的實務者。第二個時間點則是 PayPal 賣給 eBay 時，提爾很清楚，PayPal 已經併入一個擁有純熟管理文化的成熟企業，這裡絕對不適合他。他適合扮演企業家的角色迎接各種挑戰，帶領 PayPal 由虧轉盈，建立一個穩定成長的商業模式，帶領僅成立幾年的新創公司成功地在那斯達克掛牌上市。

　　彼得‧提爾如果在德國長大，並試圖在德國做同樣的事，他絕對會因為眼前的層層難關而鎩羽而歸。想想德國那些複雜到無以復加的監管框架，以及像 PayPal 這樣的創新商業模式在德國有多麼難以吸引到投資人，便能了解箇中原因。因此，對提爾來說，美國 ── 特別是矽谷，才是能利用資金投入有效實現創新，並發揮其最高價值的地方。

　　提爾在《從 0 到 1》中用了一整個章節來討論「創業家」這個被他歸類為特殊型態的企業家。從許多層面來看，PayPal 創辦人都不是典型的企業家。如果一家歷史悠久的大型企業人事主管看到了他們的履歷和興趣，應該沒幾個人能得到面試的機會。提爾說，「他們其中有四個人在學生時代曾經製造過炸彈」，不過不包括他自己。但還不僅如此，創業時有五人還不到 23 歲，四人在海外出生，三人來自共產國家。這是一個有趣的混合團隊，創辦了資本主義色彩濃厚的金融科技公司，

也發明了第一個全球數位貨幣。提爾還提出了大家也亟欲想知道答案的問題：「為什麼公司由非典型人經營，而非由隨時可更換掉的經理人經營，如此重要，同時又非常危險？」提爾認為，有一種企業家特性即「自我強化效應」，是「自我誇大」和「他人誇大」導致「非典型者和非尋常行為的誇大表現」所致，代表人物就是英國維珍集團（Virgin Group）董事長理查德‧布蘭森（Richard Branson）。他一手建立的龐大品牌帝國在市場上叱吒數十年，他自己則不管在商場或在社交生活上，都是萬眾矚目的創業明星，他能點石成金。

　　提爾認為，名人也是另一種形式的創辦人，他以女神卡卡為例，她的企業就是以她為主的品牌。許多名人被簇擁吹捧，地位有如皇帝一般，他們爬得愈高，品牌後續效應愈龐大。貓王艾維斯‧普里斯萊、麥可‧傑克森和小甜甜布蘭妮就是最知名的代表人物。現在的科技企業和其創辦人都被當成明星看待，最好的例子就是和名模米蘭達‧寇兒（Miranda Kerr）結婚的 Snapchat 創辦人伊萬‧斯皮格（Evan Spiegel），他在紅地毯上給人留下的好印象，就像他的公司準備在華爾街掛牌時股票分析師眼中的印象。但特別是科技企業的核心首重於其創辦人。「但創辦人之所有重要，並不是因為他們是唯一能夠創造價值的人，而是因為偉大的創辦人能激發公司裡其他人的最大潛能。」

　　對提爾來說，最傑出的例子就是比爾‧蓋茲和賈伯斯。基本上，這兩人的企業策略完全不同。但他們都擁有洞悉未來

的本能，以及能夠感染員工，激發出他們最大潛能的熱情和動力。賈伯斯以「迷途知返的兒子」角色在 12 年之後重返搖搖欲墜的蘋果。只有死對頭微軟的資金挹注和比爾‧蓋茲承諾微軟將持續為蘋果平台開發重要的 office 程式，才讓蘋果化險為夷。但 1999 年，為了這一步險棋，賈伯斯受到公司裡對蘋果死心塌地的年輕工程師的諸多批評，但他辦到了，全都是為了蘋果。反觀微軟，2000 年初微軟達到全盛時期的尖峰，成為全球最有價值的企業。比爾‧蓋茲於 2000 年退位後，由他的好友史蒂芬‧巴爾默（Steve Ballmer）接任執行長一職，這十多年來微軟一直走下坡。巴爾默和比爾‧蓋茲不一樣，他不懂程式設計，對科技趨勢也沒有敏感度，在公司裡也不是具重要地位的設計師的指標人物。結果微軟的方向過度偏向智慧型手機和平板電腦，雖然 90 年初微軟在比爾‧蓋茲在位時，已經開發了行動終端裝置的作業系統和應用軟體。微軟在執行長薩蒂亞‧納德拉（Satya Nadella）的帶領之下逐漸擺脫行動世界的「敗犬」角色，現在該輪到賈伯斯的接任者提姆‧庫克（Tim Cook）要來思考蘋果的「Next big thing」是什麼了？

　　彼得‧提爾在他的著作中並未將自己列入蓋茲和賈伯斯之列，雖然沒有他特殊且獨特的領導風格，PayPal 不可能如此成功。畢竟，PayPal 是他的第一家公司，也是他身為企業家的第一個創業經驗。

創辦 PayPal 的動機、成功因素和技巧

對提爾的好友兼 PayPal 初期戰友大衛・薩克斯而言，PayPal 已經成為矽谷新創企業的最新指標。讓我們一一檢視 PayPal 輝煌的實績：

企業願景

已故的前德國總理赫爾穆特・施密特（Helmut Schmidt）很久以前曾說：「有願景的人，應該去看醫生。」正如他後來在德國《時代週報》（*Die Zeit*）上所說，這句話是「打臉愚蠢問題的最好答案」。然而美國企業家很愛「最重要的就是企業願景」這句話。對提爾來說，企業願景如果不是鼓舞員工最重要的因素，一定也是最重要因素之一。提爾認為，好友伊隆・馬斯克所創辦的太空旅行公司 SpaceX 就是最優秀的企業願景代表。SpaceX 的企業願景就是在 15 年內實現火星任務。這項絕無僅有的創意想法激勵著員工，激發他們每天發揮最大潛能，「新創企業最需要狂熱崇拜，但必須是正向的」。

創業成功有如攀爬馬特洪峰，目標是登頂，但自己所站的起點有如谷底的一小黑點。兩點之間布滿不確定、危險和不足，提爾的腦海裡也一定曾有過這樣的「馬特洪峰畫面」。他很清楚，唯有胸懷遠大且鼓舞士氣的願景，才能讓這些滿腔熱情的菜鳥天才「登山客」帶領 PayPal 成功登頂。

他對 PayPal 的願景一點都不含蓄。他在一次對員工的談話

時，以「登山領隊」之姿在出發前再次對隊員耳提面命，鼓舞士氣：「我們正在創造偉大，PayPal 的目標需求是龐大的。世界上所有人都需要錢——才能付錢購物、行動和生活。紙鈔是過時的技術，也是不便的支付形式。你可能剛好沒帶夠、丟了或者被偷了。21 世紀的人類需要更方便、更安全、可讓人隨時隨地透過 PDA 或網路連接就能取得應用的貨幣。」。

　　提爾希望 PayPal 能躋身跨入更重要的領域，畢竟，數個世紀以來，金錢一直是有權力者往上竄升和運作的潤滑劑。90 年代中期的經濟和貨幣政策正好為他提供了最理想的養分。1997年，東南亞發生金融危機，隔年俄羅斯爆發支付危機之後，長期資本管理公司（LTCM）因過度操作貨幣投機而崩潰。俄羅斯因油價重挫，面臨信用評等遭降的問題，高通貨膨脹和貨幣貶值隨之而來。贏家只剩經營能源和原材料累積龐大財產，有能力將資產轉移到海外和安全貨幣的富豪。這些國家的「一般」老百姓只能坐困愁城，在腐敗政府的眼皮下，眼睜睜看著他們辛苦攢下來的錢化為烏有。

　　PayPal 能改變這一切。「未來，當我們的服務觸角延伸到美國之外，網路普及到全世界各個角落時，全球的人類就能透過 PayPal 的服務擁有更多掌握自己資產和金錢的自主權。腐敗的政府再也無法偷走老百姓的資產。」因為有 PayPal 在，提爾說道，政府的手深入老百姓口袋的計畫將無法得逞，民眾可將他們的錢從當地貨幣直接轉換為美元、英鎊或日圓等更安全的貨幣。

　　提爾是這方面的高手，他就像高瞻遠矚的經濟學家為員工們授課，化身俠盜羅賓漢，阻礙政府壟斷貨幣交易，為普通老百姓爭取一丁點對抗政府和超級富豪的平等機會。一旦開始了，提爾就要把事情做好。他根據自己的看法將 PayPal 定位在科技世界的合適位置上，且無所懼地以當時最強大的微軟為目標。「我深信這個公司絕對有機會成為支付解決方案領域的微軟，也就是全球金融作業系統的代名詞。」這番話聽起來或許有點自吹自擂，但提爾鏗鏘有力的語言和生動的對比深深打動員工們的心，為大家勾勒出一個高遠、深信不疑且指日可待的願景。提爾的這番話也引發了正向的副作用：相較於以往，PayPal 的員工更願意去談論 PayPal 對未來世界的使命，而不是只去思考如何從股票期權創造個人的財富。

破壞性因素

　　現在如果問創辦人他們當初為什麼要創業，常聽到的答案是，他們希望藉此創造「影響力」。在進行數位化討論的過程中，「破壞性」是關鍵字，廣義來說就是：徹底毀滅。蘋果和 Google 的 App 商店以及智慧型手機迅速普及形成新的商業模式，「創造性破壞」是奧地利經濟學家約瑟夫‧熊彼得（Joseph Schumpeter）首度於 1942 年在他的著作《資本主義、社會主義與民主》中提出的總體經濟學概念。他寫道：

　　　新的陌生市場或當地市場的開發以及手工業工廠和小工廠

組織性地發展成像美國鋼鐵公司（U.S. Steel）那樣的大集團，就是工業突變的一種過程（請容我使用這個生物學的概念），其內部不斷徹底改變經濟結構、不斷破壞舊有結構以及不斷創造新結構。這種所謂「資本主義的創造性破壞」的過程是資本主義的重要事實，其中存在著資本主義，每個資本主義實體也必當體現這個事實。

　　熊彼得認為為了形成新秩序，這種破壞是必要的。

　　創辦 PayPal 時，提爾不加思索地採納了熊彼得的理論。他很清楚，「網際網路與金錢」的組合要付諸實現雖然很棘手，而且還會惹惱許多市場現有參與者，但一旦成功，就能引致巨大的槓桿作用，進而徹底改變世界。此外，此舉還能引起外界對自己和 PayPal 的關注，同時達到可觀的開源成果。他想要鬆綁政府主導貨幣的枷鎖，創造一種不受政客和國家影響的全新網路貨幣。於是第一家全球金融網路公司 PayPal 油然而生，15年後，銀行、保險公司和風險投資公司開始大量投資金融產業數位化後，「金融科技」（FinTech）這個概念才開始普及化。對身為企業家和投資人角色的提爾而言，「金融科技」和「大數據」（Big Data）等熱門關鍵字是泡沫化的警訊，他寧可敬而遠之，另外尋找全新的有趣挑戰以及尚未浮到台面上的潛力企業。

領導風格

彼得‧提爾在年輕的新創企業 PayPal 擔任執行長一職，他的領導風格爲何？大衛‧薩克斯在接受《財富》雜誌專訪時，指出提爾的企業家特色：「彼得不是執行活動細節的料，但他善於識別出重要的策略性事務，並將其定位在正確的位置上。」薩克斯回想起 2000 年 3 月網路泡沫化達最高峰時，PayPal 正計畫籌資超過 1 億美元的資金。當時許多投資人還希望市值評估能再往上增加，所以還在猶豫不決。「提爾緊追著他們，終於完成這一次的籌資。幾天後，股市崩盤。只要再晚一個星期，我們公司就完蛋了。」

這種先見之明，隨後直接且一致性地轉化爲具體行動的天分，非一般人可得。毫無疑問地，提爾是一位有強烈世界觀願景的偉大思想家。PayPal 無論面臨什麼樣的挑戰，他都能和他那個死忠團隊立即找到解決方法。提爾想起他在 PayPal 的那段歲月，自比爲德國知名作家洛塔君特‧布赫海姆（Lothar-Günther Buchheim）的全球暢銷書《海底出擊》（*Das Boot*）的潛水艇艦長。「老頭」（船員都這麼叫他）不僅要帶領潛水艇和這票船員經過險象環生的大海，還必須躲過轟炸機和驅逐艦的耳目，同時還必須保持鎮靜和洞察一切的清晰頭腦。

提爾帶著 PayPal 踏上新大陸，當時還沒有所謂的金融科技，沒有相關的法律框架和監管規範。在這個戰場上他大多只能靠自己，必須將 PayPal 駛至安全的港灣。

像提爾這樣優秀的企業家，他們具備全神專注在對公司最

重要議題和工作的能力。全盤衡量所有重要參數是決定是否冒險的基本條件，提爾是勇於冒險的人。但儘管如此，對提爾來說，新創企業並非隨便買來的彩券，他明白，唯有竭盡所能才能帶領 PayPal 創造成功。

　　他必須完全信任 PayPal 的管理團隊和其他團隊，他的管理風格才能確實發揮作用。兩位史丹佛時期的好友里德・霍夫曼和大衛・薩克斯是他的得力助手，負責管理公司的每日活動，讓他有餘裕思考策略性大方向和籌集資金。提爾以其優異的戰略能力知道如何將 PayPal 打造為最佳團隊，他也因此受到團隊的尊敬和支持。

　　提爾認為堅定的友誼是企業成功的基礎。彭博社記者愛蜜麗・張問彼得・提爾，他的神話和現實是什麼？他答道，他不會以獨奏的方式執行計畫，他擁有可以經常交換意見的朋友，周遭還有和他密集合作的人。

　　如果仔細分析提爾的企業行為模式，不難發現他的「志同道合」模式。身為戰略家，提爾相信他信任的人。他需要一個能完全理解他思維模式的人，華倫・巴菲特也是如此。巴菲特不是常說，要是沒有他的「右腦」查理・蒙格，波克夏和他也不可能走到現在嗎？

　　查理・蒙格之於巴菲特，就像創辦 PayPal 之時，馬克斯・列夫琴之於彼得・提爾。兩人的合體體現了創業成功的必備基本條件：極高水準的商業與科技完美共生。許多新創企業和創意之所以失敗，正是因為太過偏向商業或技術，因此無法為市

場創造出色的產品。如果沒有列夫琴的程式設計技術，PayPal 的用戶不可能爆發式地成長。身爲首席技術長的列夫琴開發出非常重要的反欺詐演算法，並因此獲得《麻省理工科技評論》雜誌的「2002 年度 30 歲以下百大創新人」殊榮。但列夫琴不僅是天才型的程式設計師，他還打造了一支忠心耿耿的開發團隊，夜以繼日地將 PayPal 商品團隊的新創意以最快速度實現爲成熟的軟體。

　　提爾認爲，想要創業，「第一個也是最重要的問題就是：跟誰一起。選擇事業合作夥伴就像結婚，意見分歧也可能最後撕破臉離婚」。創業也和婚姻一樣，一開始浪漫的「蜜月期」過去了以後，緊接著就是挑戰重重、起起伏伏的現實日常生活。因此，提爾在《從 0 到 1》中強力建議，創辦人在一起創業前應該要有「共同的革命情感」，「否則這一切就與賭博無異」。他們必須是「互相了解的好員工，但也需要制度，才能讓大家長時間同舟共濟」。

　　提爾厭惡大集團官僚氣息的程度，有如魔鬼之於聖水。提爾如果用他的方法在大企業裡擔任執行長，肯定無法像他在 PayPal 那樣成功。他認爲，創業是一個人最有可能透過具體控制，達到成功的計畫。

企業策略

　　成功的新創企業就像 F1 賽車，必須隨時處於極限狀態。內外影響因素可能瞬間劇烈改變，必須隨時衡量，即使已準備

好運用最新技術，還可能面臨的最大風險，即便不知道這一圈
是否真能夠走到盡頭。

F1 賽車的最高榮耀是在摩納哥。曾三度奪得一級方程式世
界車手冠軍的尼基・勞達（Niki Lauda）曾經描述摩納哥大獎
賽，就像是在客廳裡駕駛直升機。他想表達的是，賽車手必須
分秒保持最高專注力，特別是置身在狹隘的空間裡。即使是身
經百戰、經驗豐富的飛行員，在最後一秒鐘也可能因小小的疏
忽就撞上牆，光榮勝利的夢想瞬間化為烏有。創業也是如此，
成功沒有既定的模式，而是日夜瘋狂地在極限區域竭盡所能
所激盪出來的。一整天下來，有可能全都對了，也可能全盤皆
錯。新創企業的創辦人、投資人和員工都必須學習與「興奮地
歡呼雷動和心碎到悲痛欲絕」之間的震盪起伏和平共處。難怪
股市會以波動指數來代表當日的市場波動，它同時也清清楚楚
地代表投資人的風險傾向。

德裔企業家安迪・貝托爾斯海姆（Andy Bechtolsheim）是
除了彼得・提爾外最知名的矽谷企業家。他曾在史丹佛大學講
授「創新程序」，與學生分享創業的成功和失敗因素：

- 想法太早；
- 想法太遲；
- 想法不具重要性；
- 想法太昂貴；
- 想法沒有明確的益處。

　　因此，「解決正確的問題」才重要。如果能在正確的時機，也就是「不要太早或太晚」推出客戶滿意的產品，那麼新創企業原則上就會成功。

　　提爾和其他共同創辦人：馬克斯‧列夫琴、盧克‧諾斯克以及肯‧豪利，早在貝托爾斯海姆這堂課的前十幾年就明白這些因素了，它們已經內化爲 PayPal 的企業策略 DNA。當時，網際網路，尤其是 eCommerce 正在流行當頭，能讓個人和小型貿易商銷售類似跳蚤市場那樣銷售商品的拍賣平台 eBay，在網路上迅速地發展成市場領先的 eCommerce 平台。創業初期，PayPal 最需要的是用戶數的成長，而且必須快速、倍數成長，且盡可能壓低成本。提爾和其團隊都確定，唯有透過用戶數成長，才能擺脫其他競爭對手。以純粹的達爾文主義來說，就是只有勝者爲王的位置。2017 年，企業顧問只要一想到成功的網路企業，開口閉口就是「平台」。臉書是社群媒體的領先平台，亞馬遜是 eCommerce 的領先平台，因此 PayPal 也是許多成功新創企業的藍圖，因爲 PayPal 當時在世紀交替之際就有網路領先支付平台之稱。

　　PayPal 如何在這麼短的時間內建立這麼大的數位支付品牌，並成爲領先的支付網絡呢？

　　如上所述，提爾想出給每位新用戶 10 美元以及每成功介紹一位新客戶再給 10 美元的好點子，進而啓動了雪球效應。

　　私人之間以及私人與企業之間皆可藉由 PayPal 的網絡進行資金轉移，愈多市場參與者使用這套服務，PayPal 的網絡就愈

有價值。提爾知道，速度是推升成長、將用戶數極致最大化的最關鍵參數。我們可以用核子物理學來比喻：要觸發核連鎖反應，必須達到臨界質量，這正是 PayPal 所達到的。它應用了所謂的病毒效應，啓動用戶數急遽成長。病毒效應會以「曲棍球棒」（Hockey stick）現象來表現，因爲成長曲線的形狀不是線性成長，而是類似於曲棍球棒的形狀，不成比例地突發性成長。因此在數學解釋分析曲線時，會說是強勁的上升曲線。

現在，PayPal 的引擎已經蓄勢待發，就像 F1 賽車，必須繼續將油門踩到底。要在最短時間內維持高成長率的最重要潤滑劑當然就是金錢。PayPal 已經發展成一個獨特的燒錢引擎。

提爾和他的團隊辦到了魚與熊掌兼得，在突發性的客戶成長、導入具可持續獲利的商業模式以及取得愈來愈多的資金之間，達到了幾乎不可能存在的平衡，而且這還是在市場環境不佳，多數企業只能不斷燒錢到所剩無幾的時間點。

但 PayPal 也因此快速取得客戶的信任，因爲使用 PayPal 服務只需要利用電子郵件地址註冊，然後儲存信用卡資料即可。此外，當時提供給私人客戶和後來的企業客戶的服務都是免費的。提爾深知客戶服務對維護長期的客戶關係至關重要，於是他們在內布拉斯加州的奧馬哈（Omaha）成立服務中心。該中心當時有 700 名員工負責快速回答和處理 PayPal 用戶的問題。相較之下，PayPal 當時在矽谷的核心團隊則只有約 220 人。於是「品牌知名度」自然形成，用戶不會說「匯款」，而是說要去「PayPal」款項。當某項服務變成口語上的動詞時，

新品牌就此形成，最好的例子就是網路搜尋──當我們要在網路上搜尋時，我們會直接說「Google」一下，它已經自然內化成民眾的用語。

　　品牌建立和客戶成長非常重要，因為 PayPal 創辦人都知道，競爭對手僅在一鍵之遙，或許經過了一夜，短短幾行程式碼就能讓新的供應商憑空降臨。

　　因此，他們決定採取一項前衛的策略：成長優先，銷售暫緩！

　　10 年後，這項策略也成為許多成功企業的模式，特別是 Web 2.0 的網路公司。因此，臉書無須證明其擁有行得通的商業模式，就能獲得如微軟和香港著名商人李嘉誠等知名投資人高達數十億美元的投資挹注。

　　為了使用戶數持續成長，PayPal 決定走非傳統途徑。包括彼得‧提爾、馬克斯‧列夫琴、盧克‧諾斯克、大衛‧薩克斯和里德‧霍夫曼的創辦人和管理團隊決定以 eBay 拍賣市場為目標，調整 PayPal 包含行銷和產品開發在內的整體策略。當時在網路上，eBay 平台上聚集了最多的 eCommerce 客戶，他們都需要支付功能。PayPal 孤注一擲，將籌碼全壓在尚未與 PayPal 有正式業務關係或產品或銷售合作關係的 eBay。他們希望騎在 eBay 這隻大象背上，大步邁進成功，但也擔心這隻大象把 PayPal 這個崛起新貴從象背上重重摔下，毀了他的經濟和金融前途。但他們沒有 B 計畫，這是一個全贏或全輸的策略。

　　該策略奏效了，根據負責 PayPal 產品團隊的大衛‧薩克斯

的說法，該策略之所以生效，是因爲 eBay 架設的系統「先天失調」，經常出現功能障礙。「eBay 和 PayPal 如果擁有相同的基礎，那他們可能早就打敗我們。但也因此，我們才有機會重擊這隻緩行前進的市場龍頭。」對他來說，這是命運中「苦樂參半的諷刺」，因爲這難以跨越的文化差異鴻溝正是 PayPal 創辦人在 PayPal 與 eBay 合併後群起離開公司的主因。

　　提爾和其團隊厲害之處是將客戶成長轉換爲銷售額，eBay 平台也來得正是時候。愈來愈多的專業經銷商正在爲他們在 eBay 上的業務尋找解決方法，PayPal 立即推出一款適用於經銷商的付費服務版本，透過聰明的行銷方式讓愈來愈多客戶信任他們的優質服務。

　　PayPal 獲利的關鍵在於瘋狂地專注於目標客群以及其產品需求。在 PayPal 擔任戰略長一職的大衛‧薩克斯後來說道，他「早就知道，沒有好的產品，其他的都是徒然。對他來說，產品是絕對核心」。

　　他們終於成功地大幅減少虧損的程度，並微調了他們的商業模式。網絡效應使得新客戶的成本在比重上遠遠低於現有客戶帶來的銷售額。PayPal 複雜的獲利公式參雜了許多未知數，但熱愛數學的提爾成功地解開該公式，還製造了利潤，並在 2002 年春天隨著公司的股票掛牌上市，將會持續在獲利區一帆風順。

　　成功的企業必須以壟斷事業爲基礎，透過 PayPal 的成功，提爾完成了幾近不可能的任務：他在市場龍頭 eBay 的背上，

建立了一個數十億美元價值的企業。

PayPal 在支付服務業者的競爭中脫穎而出。

任務完成！

企業文化與溝通

一家才成立短短幾個月的公司有企業文化可言嗎？確實是有的。大多數新創公司的特色與 eBay 相同，他們年輕、缺乏經驗、只能在世界上慢慢摸索自己的角色。也和 eBay 一樣，成立以後的開頭幾天、幾個星期和數個月，公司上下全心投注在開發。「在您創業的那一刻，您可以設定比成立公司更寶貴的目標：設定未來方向，讓公司即使是遙遠的未來也能推出源源不絕的創新，而不只是管理繼承財產。」

除了對的戰友、必要的資金和爆發力十足的創意以外，最重要的因素當屬企業的內部文化和溝通了。成功的新創企業必須仰賴內部核心價值才能生存下來，管理階層和員工必須同舟共濟，形成一個命運共同體。不是以個人為中心，而是以團隊為主。在新創公司工作就是團體運動。

PayPal 與其他公司不同，特別是公司文化。負責業務開發和公關的基思‧拉伯斯用「面對式」來形容 PayPal 的文化。PayPal 鼓勵內部辯論和爭論文化，在進行討論的時候，不同的人會帶入自己重視和在乎的觀點。在 PayPal 面臨巨大挑戰時，就能快速地綜觀所有觀點，找到最佳可能的解決方案。提爾、拉伯斯、薩克斯和豪利曾在《史丹佛評論》共事過，他們已經

發展出非常堅實的辯論和爭論文化，這絕對是一大優勢，他們也將這套文化帶到 PayPal。許多其他新創公司的員工大多迷失在內部的鬥爭之中，對於公司的目標策略往往無法達成共識。PayPal 不同，當大家各自陳述自己的論點後，定義出一個目標方向時，他們便會齊心前進。

如果員工不配合，空有企業願景和策略也是徒然。員工願意體察並齊心付諸行動的，才是好的企業願景和策略。因此，提爾非常重視同僑情誼和團隊合作，這項堅持是 PayPal 成立初期最強烈的特性。

「動機非常重要，」提爾說道，「我想，偉大的公司總會讓人心懷捨我其誰的特殊使命，如果不是由你來做，計畫一定不會成功之類的。PayPal 的願景就是如此。」

因此，Google 或微軟等其他科技公司出來的創辦人所成立的新創公司，在質與量上無法與「PayPal 黑手黨」相提並論，提爾並不感到驚訝。「當你在一家營運都上了軌道的公司工作⋯⋯，這類公司出來的創辦人往往低估了創業的困難度。」

企業內開放且透明的溝通方式，以及提爾在員工大會上對員工闡述 PayPal 策略的對話，有助於凝聚團隊向心力。管理者體現大家生息與共的氛圍，提爾和公司管理階層人員在公司股票掛牌上市的那一天，並未登上紐約證券交易所的欄杆上，居高臨下地享受勝利的滋味，而是與員工待在矽谷，與所有團隊成員一起慶祝這個獨特的喜悅。這個慶祝活動還頗具提爾的風格：他籌辦了一場同步西洋棋比賽，PayPal 員工同時與他比賽，

除了大衛‧薩克斯外，他打敗了所有人。順道一提，這場西洋棋派對就辦在 PayPal 公司大樓外面光禿禿的停車場上。

許多人都有「把每一天當作最後一天來活」的想法。但像提爾這種真正的逆向思考者則完全相反。「把每一天活得彷彿你會永遠活著」，對提爾來說，這代表「你應該像要與他人長時間相處一般對待他人。你今天下的決定很重要，因為隨著時間經過，這個決定的後果會愈滾愈大」。提爾喜歡引述愛因斯坦的話，後者曾強調複利效應是宇宙中最強大的力量。「但這無關金融或金錢，而是其箇中含意：將時間投資在建立永恆的友情和長期的關係上，才是人生最好的收益。」

PayPal 和提爾的成功是以堅定的友情為基礎，友誼不僅讓提爾，也讓他許多 PayPal 的朋友事業大放異彩。

這又與巴菲特有相似之處。這兩位億萬富翁都知道，經營超過十幾年的友情和人脈，為自己和企業世界取得巨大經濟成功的道理。

為了讓美國重新回到過去輝煌歲月的未來，必須重新塑造未來，不能再被動地體驗和消費，所以必須離開舒適圈。提爾認為，美國需要一點原始的 PayPal 企業文化 —— 追求信心、出發前往新海岸。

企業管理

經營一個動態成長中的新創公司，真的不是件輕鬆事。幸好提爾在成立《史丹佛評論》時不僅累積了初期管理經驗，還

結識了不少有能力又「飢渴」的同好，願意與他同甘共苦。

時任行銷主管暨《PayPal 支付戰爭》（*The PayPal Wars*）的作者艾瑞克・傑克森（Eric Jackson）是被提爾從埃森哲顧問公司（Andersen Consulting）挖角過來的。傑克森對 PayPal 的第一印象就是「方向不明、雜亂無章」。但他很快就發現，要達成提爾所謂要讓 PayPal 成為全球金融體系的願景，傳統的企業管理方式行不通。

但這個外人第一眼看到的混亂公司，其實具有很明確的原則。PayPal 應該是全世界最大化遵循「敏捷型」企業和產品開發方針的第一家新創公司。PayPal 面臨過各種挑戰，如初期的高額虧損、對自家商業模式的不確定性，PayPal 淬鍊出下文幾項成功管理的要點。

實時資訊和判斷

PayPal 的管理階層從一開始就非常重視評估情勢的即時資訊。許多新創公司都是因為無法即時彙整最重要的企業指數，錯失挽救時機，才會陷入困境。於是公司可能會浪費不必要的資金投入和時間，只因為花費太久時間在收集企業相關資料，並從中找出必要的解答。除了提供臨時性的商業數據以外，管理階層也需要正確的指數，才能即時判斷，採取正確的管理決策。

PayPal 的重要指標為：

- 新用戶數；
- 取得新用戶的成本；
- 欺詐濫用率；
- 透過 eBay 新增的用戶數；
- 透過 eBay 新增的用戶數與 eBay Billpoint 支付服務的比例；
- 資金外流（燒錢率）；
- 付費用戶數；
- 信用卡手續費；
- 所得營業額。

　　馬克斯・列夫琴和他的團隊開發出一種具備「吸收數據」功能的特殊軟體，能隨時檢查 eBay 拍賣網頁上使用 PayPal 和 Billpoint 服務的比例。這個早期預警系統有助於他們快速從 eBay 的新策略中得出結論，並讓 PayPal 再次取得競爭優勢。

　　這和 F1 賽車有相似之處——車上的遙測資料是快速調整策略的必備條件。扮演戰略師角色的提爾也為 PayPal 量身打造了專屬的即時數據。如此一來，他便能預先考量新一波的融資行動和首次股票發行等先機，並能根據即時取得的資訊微調公司方向，因為即使是最細微的商業模式變化也能立即反映在指數上。

明確的責任劃分

「我在管理 PayPal 時做過最棒的事，就是明確劃分每個人的責任和任務。員工們的任務非常明確，每個人都知道我只根據他們負責的部分來衡量他們。」提爾在《從 0 到 1》中提到這個簡單但非常有效的人事管理方法。此法可避免重工造成的無效率以及因任務界線模糊導致的衝突。特別是新創公司「……特別容易犯這種錯誤，因為在初期，每個角色不時都會改變」。所以很多公司經常陷入癱瘓，因為疲於應付內部的衝突，無暇顧及市場和客戶。新創企業一旦出現這種現象，可能很快就會面臨結束一途。

專注

成功的企業家如提爾、巴菲特和比爾‧蓋茲等，都具備專注原則的共通性。專注在最重要的本質 —— 或如巴菲特所言，專注在「競爭優勢圈」 —— 是企業成功的先決條件。在瞬息萬變的科技領域，專注在核心本質更顯重要。新創公司的限制因素就是資源，特別是時間和金錢。所以臨時從財捷集團挖角過來的比爾‧哈里斯在 PayPal 擔任客座執行長不久，就被提爾解雇了。因為哈里斯讓 PayPal 陷入太多沒有效用的合作談判，限制了公司的能力發揮，短期內也無法帶來任何成果。

PayPal 基本上面臨到新創公司可能都會遇到的所有問題，但這些問題可都不是小事：

- 用戶接受度；
- 濫用；
- 監管問題；
- Visa 和 Mastercard 的敵意；
- eBay 的競爭。

　　面對這些問題，PayPal 團隊承受莫大的壓力，但他們將壓力轉換為助力，讓狂熱的專注力發揮最大槓桿作用。他們全神專注在快速成長的支付業務上，屏棄什麼都想要的金融超市的想法。

以產品為中心

　　PayPal 藉由電子郵件這個媒介與匯款搭上線，正好符合時下的消費習慣。負責公司策略的大衛・薩克斯後來強調，「絕對以產品為中心」是他在 PayPal 期間最重要的經驗。他也了解如何透過產品開發來實施策略。在他的領導之下，將產品設計和軟體開發合併成一個團隊，以期以最有效率的方式設計出產品特性，並由程式設計師立即將這些特性寫入代碼。這種「快速原型設計」（Rapid Prototyping）方法有助於讓 PayPal 在競爭中永保優勢，特別是針對 eBay 的 Billpoint。這種以產品為中心的成功方法，PayPal 是身體力行的開山始祖，近來不僅新創公司，就連傳統企業也爭相仿效，但都不見得能達到像 PayPal 那樣的成效。

員工向心力和參與

　　馬克斯‧列夫琴認為，新創企業的核心是一群志同道合的共事者。就像彼得‧提爾所說，PayPal 團隊初期之所以能運作得如此和諧，最根本的原因就是團隊成員全都是電腦和科幻小說怪咖。特別是他們滿腦子全縈繞著創造一個不受政府控制，而是由民眾自行掌控的數位貨幣的想法。

　　共通性是重要的基本條件。但該如何以及以什麼為基礎雇用能同舟共濟的員工呢？

　　提爾非常清楚不該做什麼。他在紐約律師事務所擔任律師時，親身經歷過同事是如何清楚劃分「朝九晚五」的上班時間和「晚五朝九」的休閒時間的。對提爾來說，時間是「我們最珍貴的禮物」，因此「如果把時間花在不想與自己發展長期未來的人身上，那就太暴殄天物了」。最經典的就是 PayPal 團隊晚上一起玩撲克牌的畫面，這個團隊展現超強凝聚力，已經將工作與休閒合而為一。基思‧拉伯斯形容他們早期在 PayPal 的那段歲月「非常生息與共」。唯有在這麼特殊的「設定」和彼此緊密連結的創辦人氛圍之下，才有可能締造 PayPal 這般的科技突破。

　　因此，履歷和成績絕不是提爾錄取某人的原因。根據他的經驗，人事應由企業直接聘雇，不應透過仲介。提爾從一開始就將 PayPal 定位成「具有超強凝聚力的團隊，而不是旋轉門」。高層決策人員大多從內部員工調升，而各部門最有能力的員工原則上就是該部門的主管。這樣做的好處是：個人的

專業聲譽為當事人提供必要的威權，能讓組員心服口服。剛從 MBA 畢業的應徵者大多不會被錄用，因為他們適應力不足，無法快速融入 PayPal。但 PayPal 在《史丹佛評論》的徵才廣告上下了戰帖：「超酷新創企業的優渥股票期權足以吸引你休學嗎？可以的話，我們就要你！」

提爾在《從 0 到 1》中將新創公司的「超強凝聚力團隊」與教派做了一個有趣的對比。以 PayPal 為標竿的新創公司自成一個宇宙，有如一個玻璃罩將團隊成員與外界隔離。而回報的獎勵就是「強烈的歸屬感和取得他人不得而知的『祕密知識』」。提爾認為，企業家「應重視奉獻的文化」。

矽谷的哲學理念讓提爾如魚得水，根據知名創業投資公司 Y Combinator 創辦人保羅・格雷厄姆（Paul Graham）的說法，最理想的創辦人條件是 25 歲左右、沒有牽絆、沒有家人，願意跟隨自己的想法前進。格雷厄姆認為，矽谷未座落在法國、德國、英國或日本，並非「意外」，因為這些國家的人大多只會在既定軌道內思考，不相信自己能夠超越極限。

提爾對顧問公司的評價不高，因為他們「與教派正好相反；顧問沒有使命感，他們在企業之間來來去去，不會與曾服務過的公司建立長期的關係」。

除了內部核心幹部大多會由創辦人以及主要參與公司事務的員工擔任以外，也應該讓新進員工感染這個公司的企業精神。

因此提爾認為以下這個問題很重要：「為什麼第二十個員

工會想來您的公司？」他提供了兩個解答方向：

- 一個新創公司應該要有一個表達願景的簡潔方式：「為什麼你要做別人不做的事？」PayPal 的願景是創造不受政府控制的全新數位化貨幣。
- 員工應該思考：「我想和他們一起工作嗎？」傑出的志同道合者會互相吸引。

對 PayPal 而言，這兩個問題攸關公司存亡，如大衛・薩克斯所說：「PayPal 團隊為生命而戰，因為 eBay 的收銀機前正大排長龍。」

新創公司的員工參與和獎勵原則上就是股票期權。矽谷人對這種薪酬型態的接受度比較高，在美國，這種「風險自行承擔」（risk taking）是正向的，這點與德國和歐洲不同。在歐洲，職場上的風險會讓人擔心受怕，所以會盡可能避免或降低風險。

但 PayPal 裡面也有那種不想要股票期權，只想要高日薪的員工。但他們很快就發現，這是個嚴重的財務錯誤。矽谷的新創公司與蘋果、Alphabet 和臉書等市場龍頭競爭人才，這些大公司的新進員工原則上年薪都是六位數美元起跳，如果具備「大數據」「人工智慧」和「網路安全」等領域的專業知識，年薪可能跳到七位數。因此很難說服員工接受入股的薪酬型態。「它們沒有流通性，綁定特定的公司，而且如果公司倒

了，它們就沒有價值了。但正因為這樣的限制，這種薪酬方式才能發揮這麼大的效用。願意接受以公司股票支付薪水的員工，將致力於使其長期增長。」雖然這個方式有很多缺點，但對提爾來說，公司股票一直都是最好的選項，能「讓大家全都上船」。

創新文化

真正的創新無法規畫或加以規定，往往發生於一瞬間，在危機中應聲而起。因此，PayPal 經常與既有的金融集團、信用卡公司、其他支付服務新創公司以及 eCommerce 巨擘 eBay 等具市場優勢的競爭對手玩著「野兔與刺蝟」的遊戲，試圖從這種特殊的氛圍中淬鍊出全新的創新機制，成為新創企業下一個 10 年的未來指標。

大衛・薩克斯形容為有如「火之審判」：火燒掉了所有的雜質，留下了純鋼。這是一種新創公司去蕪存菁的方法，可在不同的領域裡複製。

PayPal 應該是全世界最大化遵循「敏捷型」開發方針的第一家新創公司。從第一個創新想法開始，經過產品、行銷和軟體專家組成的混和開發團隊的直接合作，形成直接但又可立即應用的願景。之後再將這些願景以新產品開發的專業語言彙整成「MVP」——最簡可行產品（minimum viable products）。

在這之前則是緊鑼密鼓的軟體開發程序，其自上而下，相互銜接，如同瀑布流水，逐級下落，因此又稱「瀑布模型」。

一個商業創新或產品要先經過產品和行銷團隊的整體性設計，
然後再提交給 IT 部門進行落實。這套方法不僅曠日廢時，而且
也是各專業部門的期望與軟體實施的技術和財務資源現實面分
歧，導致許多計畫最終失敗的罪魁禍首。在 PayPal 成功經驗約
20 年後的現在，「敏捷軟體開發」是目前新創公司、科技企業
以及傳產領域的成熟公司最主流的軟體開發形式。臉書的開發
工程師遵循的「快速行動，打破局面」（Move fast and break
things）原則就是根據 PayPal 的敏捷模型而來的。

　　伊隆‧馬斯克後來將 PayPal 開發的敏捷開發機制成功地
運用在「實體世界」上。2006 年，他公布他的「整體計畫第
一章」，鉅細靡遺地說明讓仍默默無名的特斯拉新創公司變成
全球汽車行業的重要參與者的策略順序。馬斯克的 MVP 是一
款運動跑車，他再以這台車作為出發點，利用敏捷開發方式陸
續開發房車（Model S）和運動休旅車（Model X），奠定大量
量產中檔車款以及必備電池廠（Gigafactory）的基礎。唯有透
過疊代式（iterative）且彼此相互銜接的方式，特斯拉才能於
2010 年成功上市。距離上一次汽車公司股票正式掛牌的福特汽
車已經有 56 年之久。

　　PayPal 的敏捷產品開發再加上公司獨特的非典型文化推波
助瀾，才得以發揮到極致。他們鼓勵所有員工盡量提供建議，
PayPal 的文化不僅能讓員工放大視野，也要求他們實踐。

　　大衛‧薩克斯列舉 PayPal 率先取得的四個創新成就，它們
現在已成為新創公司的一般性標準：

- 最早的病毒式應用程序之一：PayPal 用戶可將錢匯給他人，但收款人無須開立帳戶，也可收到錢。
- 最早使用平台策略的公司之一：PayPal「基本上是 eBay 平台上的一個應用程式」。
- 最早提供嵌入式軟體元件的公司之一：用戶可將 PayPal 標誌整合到他們在 eBay 的拍賣網站，嵌入式內容後來成為 YouTube 快速成長的關鍵。
- 最早採用疊代式產品策略的公司之一：新功能在完成後立即發表，而不是在新產品週期時公布。

但這樣還不夠。對提爾來說，創新和企業家精神必須形成一種獨特的共生體：「但最有價值的企業對創新抱持著開放的態度，本著創業時的初衷。從這個意義上說，等於一直延續創業，當企業啟動創新程序時，創業開始，創新程序結束時創業結束。這樣就能無止盡地延續創業時刻。」

Palantir 的共同創辦人暨董事長

繼 PayPal 之後，這個世界還能為彼得‧提爾準備什麼挑戰呢？他讓全世界都知道，他能將垂死的 PayPal 蛻變成市值達數十億美元的市場龍頭，現在準備迎接下一個新挑戰。根據〇〇七系列電影《縱橫天下》的精神，提爾追求的就是他眼前銀托

盤上的下一個挑戰。911 事件讓美國這個強權正視自己的脆弱。每當提爾談起歐美科技停滯的現象時，他總會以搭飛機旅行來比喻，因為飛行時間很長，而且它限制個人自由的程度已經達到無法忍耐的極限，對提爾這樣的自由主義者簡直就是惡夢。美國啟動武裝並開戰，在提爾看來，這是「舊世界」──原子世界的反應；而數位世界的提爾看到透過軟體確保我們西方自由生活方式的可能性，這其中蘊藏著巨大的挑戰。

　　提爾定義出問題，並以此為基礎定義新創公司的商業基礎：「減少恐怖主義蔓延，並同時維護公共自由，是我們的使命。」這是提爾和 PayPal 擅長的領域。在提爾的帶領之下，馬克斯・列夫琴終於開發出對 PayPal 的生存至關重要的演算法，得以即時發現用戶支付時的詐欺行為，並使這種行為達到最小化。政府當局當時就對提爾團隊的敏銳觀察力刮目相看。

　　你可以想像在 911 後的世界創業嗎？當時的條件對提爾而言並不算差，PayPal 賣給 eBay 後，他獲得了約 5,500 萬美元的收益。PayPal 不再是他的責任了，他無事一身輕，可以再次啟動進攻模式。於是 2003 年 5 月，提爾創辦了 Palantir 軟體和服務公司。提爾的命名方式和他的投資公司一樣，採自他最愛的作者之一：托爾金的小說。「Palantir」是根據《魔戒》小說中的真知晶球命名。這些真知晶球能讓人擁有從遠處看清真相的能力。但不僅名稱，就連新公司的技術基礎也與提爾在 PayPal 時期得到的知識有關。除了當時為了識別和檢查詐欺模式而開發的演算法，Palantir 也沿用了 PayPal 的特殊行事

作風。他們不將所有事情全仰賴機器運作，而是借重人機合作的最佳優勢。機器智慧專注於查閱大型資料庫以及檢測異常現象。而專家藉由其專業知識分析模式，從中得出關鍵的解決方案。因此，Palantir 後來創造了赫赫有名的概念「機器協助人」（machine augmented intelligence approach）。提爾一直到今日仍極力倡導這種方法。他每次談到人工智慧是否會取代人類的議題時，總會提及這段親身經歷。

　　就連新公司在招聘人員時，提爾也是運用他原有的舊資源：史丹佛大學。2004 年，他注意到兩位資訊系畢業生——喬‧朗斯代爾和史蒂芬‧科恩（Stephen Cohen）。他們兩人與 PayPal 前工程師納坦‧格廷斯（Nathan Gettings）開發出 Palantir 的第一個原始版本。提爾一開始獨資投資這家新創公司，與他的創辦人基金共投資約 3,000 萬美元，金額不算小。即便提爾當時已頗負盛名，但 Palantir 仍得不到紅杉資本和凱鵬華盈等知名風險投資公司的青睞。曾共同投資 PayPal、蘋果、WhatsApp 和 Google 等企業的紅杉資本老闆麥可‧莫里茨（Michael Moritz）在 Palantir 創業簡報上百般無聊地在筆記本上亂塗鴉。一名凱鵬華盈的員工甚至花了將近 90 分鐘試圖說服創辦人，Palantir 做不起來的。偉大的逆向思考者提爾見狀，打心底再次確認 Palantir 的方向絕對是正確的，畢竟受美國中央情報局（CIA）支援的 Q-Tel 高科技風險投資公司都能獲得 200 萬美元投資了。但 Palantir 軟體不僅在有關商業目的的內容面臨一大挑戰，公司的可靠度也備受質疑。「一個才 22 歲

的毛頭小子怎麼讓大家信服？」共同創辦人喬‧朗斯代爾心裡想著。

　　這時曾擔任過 PayPal 執行長的提爾早已年過 30，經驗豐富。他這一次希望能完全專注在策略長的職務上，不要再重蹈覆轍，被拱上執行長的運營角色。那個角色需要更成熟老練、「有多一點白髮」的人才適任，喬‧朗斯代爾說道。提爾再次動用了他的多年好友和人脈，這次他把苗頭對準亞歷山大‧卡普（Alexander Karp）。卡普和提爾早在他們在史丹佛大學法學院第一年就相識了，卡普在很多方面正好與提爾相反。他的正字標記就是高聳的頭髮，給人彷彿頭髮都通了電的印象。法律系畢業後，卡普又到德國法蘭克福，跟隨著知名的法蘭克福大學教授暨哲學家尤爾根‧哈伯馬斯（Jürgen Habermas）研修哲學博士。後來他進了倫敦的金融業，為富有的客戶操盤。

　　喬‧朗斯代爾和史蒂芬‧科恩對於卡普沒有技術背景、卻能一眼看穿複雜問題，還能一一說明給非技術人員了解的能力，深感佩服。大家一致看好卡普（況且他頭頂上真的有白髮），於是卡普就這樣被任命為 Palantir 的執行長。當其他執行長候選人針對 Palantir 的潛在市場規模提出典型商學院的問題時，卡普對該公司的未來了然於胸。哲學背景的卡普具有犀利的分析能力：「我們要建立全世界最重要的公司。」

　　於是，Palantir 的 DNA 又再次與提爾的好友、他在史丹佛大學的人脈以及 PayPal 技術基礎緊密連結。最棒的是，能成功阻止蘇聯黑手黨，這讓全世界知道美國對恐怖主義也有高科技

的解決方法。

　　提爾在 PayPal 之後，隨著 Palantir 的成立達到了「升級」的境界，聽起來好像樂高或積木原理那麼簡單，但事實確實簡單又有效率。成功團隊的優秀教練都知道「獲勝團隊勢不可擋，絕對不要改變它」。

　　提爾覺得和卡普一拍即合。當我們在討論 Palantir 的企業家角色時，總會不約而同地分析兩人互補的角色，提爾是總策略師，卡普在負責運營的角色上也絲毫不遜色。

Palantir 的動力來源、成功模式和技巧

企業使命

　　彼得·提爾對 Palantir 的使命從一開始就非常明確，目標就是「遏制恐怖主義，同時維護人民自由」。

　　為什麼 Palantir 要以《魔戒》小說中的真知晶球來命名呢？Palantir 的公司名稱取得非常好。卡普在電視記者查理·羅斯（Charlie Rose）主持的同名脫口秀節目上，說明了這個不尋常的命名由來。

　　「那些在高中時代社交生活活躍的人絕不是 Palantir 要找的人，那些與社交生活沾不上邊的人會自動跳到《魔戒》的真知晶球上。他們簡直就是怪咖、獨行俠和『阿宅』的複製品，他們對科幻小說的興趣遠大於和朋友一起參加週末夜的派

對。」卡普繼續說道,「眞知晶球能讓善良的力量去溝通,並能看清遠方。我們認爲這個名稱很適合,能讓人一窺大型數據庫的奧祕,但又不容許未授權者擅自使用數據的產品──眞知晶球的核心思想。」

如果我們相信我們所做的,西方世界和其價值將取得勝利,這點卡普也深信不疑。Palantir 採用「基於陳述的搜尋方式」,這種搜尋方式非常集中、目標導向。如果有人進入 Palantir 的雷達螢幕,軟體會檢查此人的各種不良行爲,但政府單位的搜尋範圍仍有限制,不包含此人的社會生態系統,這樣才不至於連累無辜民眾。卡普稱爲「非常精準」的侵入,讓人聯想到精密的外科手術。從 70 年代打擊恐怖主義的舉措中我們認識了「電腦搜尋嫌犯」的概念,用來形容 Palantir 軟體的原理再恰當不過了。此外,卡普也非常堅持 Palantir「營運的每一個步驟都必須記錄下來」。

只要看一下 Palantir 的網站,不難發現這家公司的節奏和許多矽谷企業截然不同。首頁上沒有噱頭,簡明扼要地以斗大的文字告知訪客 Palantir 提供具特定目的的產品。一部描繪世界殘酷現實的形象短片說明了一切:美國菁英士兵背著行軍行李在危機重重的荒涼地區登上一架運輸直升機、正在一間手術室裡工作的外科醫生、紐約的警察以及地震後的斷垣殘壁。這不是德國導演羅蘭・艾默瑞奇(Roland-Emmerich)的新版《明天過後》預告,而是 Palantir 所處的背景和工作環境,也是我們所在的地球。數位超人 Palantir 是打擊數位犯罪和恐怖

主義，保護世界的超級警察，它也是數位超級外科醫生，可以拯救生命，為天災肆虐過的地區重建家園。

　　Palantir 的「使命宣言」對企業的整體成功具有關鍵的重要性，沒有任何矽谷公司比得上。因此，Palantir 首頁上，「我們的信念」標題中有關任務方向的陳述，散發著濃濃的宗教特性。卡普說，難怪曾有投資人問他 Palantir 究竟是「一家公司還是一個教派」。Palantir 以自己的理解自詡為一個團隊，一個為一般公眾做「正確的事」的團隊，對開發一流的軟體以及建立成功的企業滿懷熱情。

　　這個使命的核心在於尊重社會和個人權利。世界會因 Palantir「每一天都更為美好」。Palantir 認為，唯有竭盡所能地保護社會和個人的權利，才能建立民眾對數據處理的信任。

　　Palantir 視解決這個時代的重大問題 —— 恐怖主義肆虐、組織犯罪、天災和戰爭以及癌症和阿茲海默症等重大醫學挑戰 —— 為己任，希望能藉由優秀的工程師和傑出的軟體來達成目標。Palantir 曾協助美國軍方成功定位賓拉登的位置，以及參與處理涉及投資欺詐嫌犯伯納・馬多夫（Bernie Madoff）的金融醜聞。此時的 Palantir 讓人不禁聯想到西部狂野的輝煌時期，榮耀至上的牛仔在為善而戰時會將違法者的頭皮釘在自己的翻領上。

　　「Save the Shire」的白色字體在 Palantir 員工身上的黑色 T-Shirt 上更醒目。「Shire」是《魔戒》中哈比人的村落，設在帕羅奧圖（Palo Alto）的 Palantir 總部會使用這個標語不

無道理。負責人沙曼‧山卡（Shyam Sankar）將這個標語放到 Quora 知識平台上，並寫下：「哈比人是沉默的英雄，他們根本不想冒險，也不想離開他們溫馨又恬靜的家園——他們為了生存才會如此。這些被稱為人類變種的哈比人對 Palantir 的使命宣言有很大的貢獻，他們是非傳統的奇特戰士，但他們親切、勇敢，為善而戰。」因此他們象徵著 Palantir 的阿宅們，他們從帕羅奧圖矽谷總部，利用他們獨特的軟體，影響著正在華盛頓、伊拉克、阿富汗、海地、非洲以及巴基斯坦發生的事件，期待世界更美好。

提爾認為，公司的 T-Shirt 也是「表達簡單但重要原則的好方法，所有員工應以類似的方式與其他人相區隔。他們應該是由志同道合的盟友組成、願為企業目標赴湯蹈火在所不辭的團隊」。我們也可以說「企業家要金裝」！

Palantir 的顧問包括前布希總統顧問康朵麗莎‧萊斯（Condolezza Rice）和美國前中央情報局局長喬治‧泰內特（George Tenet）。泰內特激動地說道：「我真希望在 911 前能擁有具備這種實力的工具。」

如果說提爾透過 PayPal 藉由不受政府控制的新貨幣來滿足這個世界，那麼透過 Palantir 就是拯救了世界。不是對抗政府，而是與有能力負擔高價的 Palantir 軟體的自由西方世界組織合作。除此之外，Palantir 也能同時贊助人道救援計畫。

破壞性因素

「尋找不再管用的東西」（Find something that's broken）通常是創業的最好起點。911 事件赤裸裸地揭露了，即使是擁有豐沛私人和軍事資源的強權大國，也一樣脆弱不堪。至少用這個切入角度去看以自由爲重的「American way of life」就會明白，自由和安全不一定能彼此兼容。美國陷入與恐怖主義的戰爭，即便前美國總統布希在第二次伊拉克戰爭獲勝後，在航空母艦上對著美國的星條旗搭配「Mission Accomplished」大字條慶祝他的軍事干預計畫成功，提爾和卡普卻心知肚明，美國的這種創傷帶來了龐大的商機。恐怖分子新的不對稱戰爭具有破壞性的影響力，我們也必須以破壞性的方法回應。提爾的回應來自數位化世界，也就是革命性的軟體。由全新軟體提供的數據可能就是解決方法，一種能優雅地制止恐怖主義的「神奇武器」。

Palantir 利用數據和演算法的力量，提早辨識到威脅模式。而真正具有破壞性的方法是人工智慧與專家能力的特殊配對，以獲得有效的行動指令。Palantir 致力於數據、技術與人類知識之間的介面，創造了「機器協助人」的概念。其基礎就是 PayPal 成功用來偵測如俄羅斯黑手黨般詐欺行爲的演算法。Palantir 絕對會成爲能夠讓人類與數據溝通的公司。

其實，Palantir 還有一件驚世之舉：PayPal 當時的數據仍以有結構化的型態置於中央數據庫內，但 Palantir 的數據則無論是結構化或未結構化，皆整合在一個即時連結的系統中，舉

凡電子郵件、網路、社群網絡、電腦、資料庫、銀行帳戶、運
動檔案和行動檔案等都有。這是一個極具技術考驗的大膽嘗
試，特別是對 Palantir 這樣有如一張白紙的新手公司而言，公
部門和政府這個市場並不簡單，情勢也不明朗。再加上 Palantir
草創初期的 2005 至 2009 年間，新創公司也不容易打入 B2B 的
領域。多年後，卡普用「創辦馬戲團」來比喻這一次的冒險。
像 Palantir 這種商用軟體對投資人的吸引力還不夠「熱」，政
府機關則正好「反熱」（anti-hot）。反應冷淡的還包括一向
對風險投資特別青睞的矽谷投資公司。因此提爾和卡普常常出
師不利，再加上卡普的外型形象也不怎麼討好：「卡普的髮型
和外型風格，和我以及和我一起工作的人完全不同。」美國
國家反恐中心（NCTC）前負責人米歇爾・萊特（Michael E.
Leiter）說道。

　　在 2008 年中以前，也就是 Palantir 成立 4 年多後，提爾
和卡普等參與者對公司的前途毫無把握。根據卡普的說法，在
那之前，其營運都是海市蜃樓般的「假象」；但突然間業務
動了起來。卡普說，Palantir 真正的「概念性驗證」（Proof of
Concept）是「在沒有銷售實績的情況下，創造了高需求。從
那時候起，我們知道公司一定會起來。有人告訴別人 Palantir
的網路，並極力推薦給對方，叫他一定要用」。破壞性也是
Palantir 的銷售策略：PayPal 透過電子郵件地址再推薦給朋友，
病毒式成長如雪球般愈滾愈大，Palantir 也利用相同的機制，
只是範圍局限在 B2B 領域，透過安全機構和政府機關等形成的

封閉式網絡。

　　最後，正確的人在對的時間點相遇，成功的企業和產品終於嶄露頭角。Palantir 潛伏多時，耐心終讓它等到成功降臨。

領導風格

　　對彼得・提爾來說，Palantir 並不是普通的新創企業，而是一項藉由軟體和數據分析讓世界更美好的使命。為了這個使命，他冒著極大的風險，投入自己的財產多年，無視於市場和風險投資局勢的反應。亞歷山大・卡普適合這裡的角色嗎？第一眼完全不搭，卡普不是資訊系或工程科學畢業。

　　卡普喜歡用第三人稱來談論自己，就連他自己也認為：「這傢伙怎麼可能是共同創辦人，還從 2005 年開始擔任執行長，而且公司到現在還活得好好的？」答案又是提爾多年經營的友誼。他們兩人在史丹佛大學法學院時就認識了，因為他們第一年修的課大致相同，但兩人的政治觀點南轅北轍。卡普出生於費城，父親是藝術家，母親是兒科醫生。他還記得小時候他的父母每週末都會拉他去參加勞工權益的抗爭，幾乎是「雷根做什麼，他們就反到底」。因此，兩人的分歧早就根深蒂固了。「我們常像野獸相遇一般，」卡普回憶道，「原則上，我喜歡和他爭吵。」和提爾一樣，卡普在法學院畢業後不想當律師。於是他決定和提爾一樣去念哲學，而且還選在提爾的出生地法蘭克福，他的教授是 20 世紀最傑出的哲學家之一——尤爾根・哈伯馬斯。卡普於 2002 年完成博士學位。

「社會哲學學系以不尋常的方式直搗失業這個目標，可能會讓你以最好的成績得到地球上最低收入的殊榮。」卡普接受查理‧羅斯專訪時說道。那他為什麼還要這麼做呢？卡普答道：「我和他們共同創辦 Palantir 也是基於相同的理由，我對這件事充滿熱情。我做的某些事很重要——了解一些事情有何意義？溝通有何意義？西方社會的基礎是什麼？」和提爾相似的是，卡普了解他從事的科學工作只能在一個小圈子裡產生作用。同時，他對股票和創投也很有一套。

在 Palantir，卡普是一位明確且無所限制的領導者，他設定前進方向，也被形容為公司的「良知」。但在競爭方面，他鐵面無情。「我們要在競爭對手殺死我們之前，擊敗他們。」對他來說，與 IBM 或博思艾倫漢密爾頓控股公司（Booz Allen Hamilton）的競爭就是生存戰。

亞歷山大‧卡普是 Palantir 的怪人中最頂級的怪人。他是不婚主義者，想到成家和落地生根就讓他「頭皮發麻」。他平常喜歡氣功冥想，對氣道和柔術也很在行。他全心全意投入 Palantir：「我無時無刻都想著 Palantir，唯獨在游泳、練氣功或做愛時例外。」但為了 Palantir 的成功以及擔任執行長一職，他付出極高的代價。他失去了隱私權，身邊總是圍繞著保鏢。現在的他已經無法像在德國念書時，偶爾潛入黑壓壓的柏林夜店了。

然而，有光線的地方就有陰影。維基解密醜聞期間，爆出一名 Palantir 員工提交給美國銀行一份印有 Palantir 標誌的報

價單，其中說明了應該要如何「因應維基解密危機」。卡普心裡有數，並立刻發表聲明，與此切割：「自由言論和隱私權的自由對於先進的民主社會至關重要。」卡普對自己和 Palantir 企業組織扁平化的結構負責，員工的所有行為無須樣樣都得到主管同意。

Palantir 的責任是，卡普必須重寫「零和遊戲」的規則，也就是隱私和安全最難以平衡的任務。卡普說：「我們必須找到可以免除政府控制的地方，這樣我們才是獨一無二、與眾不同的。」

企業策略

提爾也知道，公民自由的捍衛者也會支持 Palantir。「美國承受不了第二個 911 事件或更嚴重的事件。911 事件為各種瘋狂罪行和嚴厲規範打開了大門。」為避免未來再有類似事件發生，他認為政府機構必須具備已內置定義規則的最先進科技裝備，讓執法人員能合法使用。卡普實現了提爾所說的優勢承諾，Palantir 擁有市場上最先進的隱私保護技術。軟體會儲存誰看過哪些資訊的紀錄，產品類似「數位化足跡」的概念。此外，Palantir 的軟體還能確保只有經授權者才能使用資訊的功能。在 Palantir 之前，每位情報單位的分析師都可以進入檔案查看，沒人知道他們究竟看了哪些內容。

類似於 PayPal 與 eBay 拍賣市集的關係，Palantir 也要找到專屬的目標客群，他們很快就瞄準情報單位，這項策略也

快速開花結果。2005 年，美國中央情報局成為 Palantir 的客戶，Q-Tel 風險投資公司也隨之加入。Palantir 也沿用了 PayPal 的疊代式產品開發方法，Palantir 的第一個產品「Palantir Government」就是與政府機關對話中產生的。公司草創前 3 年，產品開發團隊每兩星期就要飛華盛頓一次，將提爾和卡普決定的想法打造成具有市場潛力的產品。Palantir 的成功也是以壟斷者為基礎得來，但這一次不是像 eBay 這樣的私營企業，而是直接跳上全世界最強大的國家──美國──的背上。

　　但雙方的合作困難重重，Palantir 團隊不懂政府代表的意思，反之亦然，雙方各說各話。但 Palantir 堅持只招聘工程師，不雇用政府雇員。就連西裝筆挺的穿衣風格在 Palantir 也不盛行，卡普說道。但 Palantir 以完善產品以及證實軟體透過數據加持的優勢，先馳得分。

　　他們還是重操 PayPal 那一套老方法：先專注在比較好處理的結構化數據，然後再一個部門一個部門，彙整成所需的數據組。當 Palantir 擁有「最簡可行產品」（MVP）時，即由 Q-Tel 在中央情報局內部選出具有重要性的測試客戶，再根據重複回饋在極短的週期內形成疊代，並提供給客戶。這在當時不是件簡單的事：如果安全機構沒有網路連接，就無法透過網路傳遞更新檔。不久後，軟體工程師就能在相關領域開發其他應用範圍，如「調節和監管」和「網路防禦和間諜活動」，就連「健康─識別疾病」領域也能應用。

　　金融行業也是鄰近的應用領域。Palantir 的數據專家認為

他們在結構化和處理資訊方面的專業知識有其優勢，比起華爾街的金融巨擘毫不遜色。他們也很快意識到，Palantir 在數據整合和可視化領域的專業知識能應用於金融產業。於是他們和一家快速成長的對沖基金合作，組成一支集結經銷商、分析師和程式設計師的團隊，他們再以快速疊代過程發展出更好的產品。無論 Palantir 面對多大的挑戰，他們總是竭盡所能完成。最大的對沖基金和最大的銀行終於成為他們的客戶，並與最重要的金融數據供應商締結合作關係。

Palantir 的董事長沙曼・山卡在 Quora 知識平台上形容這個過程：「更多疊代、更快速的疊代、更多咖啡因、更少睡眠。」

Palantir 致力於根據詳細的分析，保護隱私權和個人自由以及符合安全機構的需求。

Palantir 認為，私法的部分應該盡可能一開始就綁入技術內，將功能完美整合到軟體中，應可避免日後遭到濫用。Palantir 希望扮演全球大數據遊戲中的「好警察」，這個要求標準很高！

Palantir 是一個「技術工程公司」，截至目前為止他們只招聘軟體工程師和開發人員。銷售團隊應該無用武之地，因此 Palantir 未設行銷和公關部門。此舉讓該企業的人事保持最精簡，專注在新技術的開發。

Palantir 的軟體所費不貲，客戶的成本可能介於百萬到千萬美元之間。因此 Palantir 專注於爭取在其所屬領域占有市場

龍頭地位的大客戶。Palantir 採取了一石二鳥之計：第一，要賺到可觀的利潤，第二，要對不同的產業取得獨特的見解，無論是石油、製藥或金融產業，如此一來，Palantir 即可爲愈來愈多產業量身打造專屬軟體。

卡普一再強調，他加入 Palantir 的主要動機在於協助解決美國和其合作夥伴的重要問題。「眞正能起作用的，不該是金錢。」即使特立獨行的矽谷公司，這樣的企業策略說法也極爲罕見。

企業文化與溝通

Palantir 故意要與矽谷其他新創公司有所區隔，位於帕羅奧圖的總部是以《魔戒》中的哈比人故鄉所命名的。Palantir 的員工在公司有如在家一般，公司也很歡迎員工帶寵物上班。有人甚至在公司通宵達旦好幾天，滿腦子想的都是程式，一個恍惚連牙刷都丟進了水槽裡。

《財富》雜誌 2016 年刊出一篇以「Connecting the dots」爲標題的文章，帶領讀者一窺 Palantir 的究竟。其中一張照片是卡普帶領約莫 30 名的員工在練太極，參與的人跟著他緩慢又優雅的動作，他則不時調整員工的手臂和姿勢，那是引導，而非糾正。「我們公司反對獨裁文化。」卡普說道。

卡普是學哲學的，當他談起 Palantir 的使命時，字裡行間總是詩意。「我們沉溺在信念之中，對我們所做的事深信不疑。」這並非空洞的行銷話術，客戶應該看得出來，他們是基

於信念行事。

　　客戶和投資人大多認為 Palantir 的人「不正常」。卡普最能體現 Palantir 的理想化願景，特別是在金錢和財富方面。在矽谷，金錢無疑是重要的創新驅動力之一。財富人人愛之，特別是矽谷的物價是全美之最。因此公司掛牌上市也是理所當然的舉措，但卡普對此持保留態度。

　　金錢和股票價格的影響力可能會侵蝕 Palantir 將軟體用於改善世界生活條件的使命。Palantir 可能會受到短期投機的影響，而且每一季都必須處理分析師提出一大堆討人厭的問題。更別提公開招股說明書和公司季度與年度報告之後的透明化。但公司如果掛牌上市，卡普自己也是很大的利益人，因為他擁有公司約十分之一的股份，面額上他就是名符其實的億萬富翁了。但他對財富興致缺缺，他的公寓是租來的，沒有自己的車，因為他也沒時間去考駕照。

　　原則上，初期的幾位開國元老就是決定企業是否成功的關鍵，他們賦予公司特定的 DNA。Palantir 成立後，核心團隊增加到約 20 人，他們全心支持 Palantir 的使命。創辦人之一的喬・朗斯代爾認為，Palantir 需要的員工，是像創辦人一樣深受公司最初使命吸引和引以為豪的人。新創公司在招聘新員工時，大多重視應徵者在能力和文化兩者之間的平衡。軟體工程師的能力可以輕易地從他寫出來的軟體和程式代碼反映出來，但應徵者的文化層面，就複雜了些。所以 Palantir 採取很簡單的原則：「如果錄取這個人，你可以跟他一起工作嗎？」

　　Palantir 的人事成長非常驚人：員工數幾乎每年呈倍數成長，不久前更高達約 1,500 人的規模。應徵者成功通過遴選程序後，就會取得《巨塔殺機：蓋達組織和 911 之路》（*The Looming Tower: Al-Qaeda and the Road to 9/11*）一書作為參考。薪水問題也是重要的試金石：他們要找的是對此議題具有企業家思維的員工。Palantir 的薪水在矽谷不算高，年薪最高者約 13 萬 7 千美元，薪水有很大的比例為股票期權的形式。就算 Palantir 考量到矽谷居高不下的物價，不久前才加薪約 20%，但提爾從 PayPal 的經驗得知，即便成為有前途的公司的股東、長期參與營運應該才是更好的選擇，但許多有潛力的員工仍寧可選擇高薪。

　　Palantir 在人事急遽增加的情況下，之所以還能維持其獨特的工程師文化，是因為他們只招聘軟體開發人員和工程師。對卡普而言，這是 Palantir 最基本的支柱之一。很多公司會避免讓軟體開發人員接觸客戶，但 Palantir 不會。卡普的立基點是，開發人員最知道產品的優缺點，他們知道如何解決當下的問題，長期下來才能奠定客戶的信任基礎。卡普形容 Palantir 獨特的風格「就像患有亞斯伯格症候群的公司，但它一直很可靠，最終你一定會信任它」。

　　由於公司的規模愈來愈大，卡普當然無法和每位員工面對面對話，所以他會定期透過 KarpTube —— 一種類似 YouTube 的平台 —— 和員工溝通。

　　和 PayPal 一樣，Palantir 內部針對公司政策也有辯論和爭

論的文化。討論的重點每次都是委託方。Palantir 該為英國政府工作嗎？如果員工不滿以色列對巴勒斯坦的政策，那我們該如何因應以色列？經過內部討論後，Palantir 決定不接觸利潤豐厚的煙草業。卡普一再強調，Palantir 曾基於道德因素拒絕訂單，也等於拒鉅額利潤於門外。公司提供給員工獨立的通報管道，當他們發現主管有道德方面的異常行為時，可直接向公司通報。

企業管理

　　Palantir 的企業管理有何特色呢？當然是繼續沿用 PayPal 的管理原則，可以總括成三個概念：縮放自如、速度、敏捷。Palantir 在其官網首頁上寫道：我們開發能協助人類完成最重要工作任務的產品，而且是您在報紙頭版上看到的那些事情。

　　Palantir 也覺得自己是很另類的公司，和 PayPal 一樣，產品一直是公司的核心。賦予小團隊高度責任更為重要，因為提爾認為，這是發展創新解決方案的關鍵，不要讓創新淹沒在層層官僚和等級制度之中。

　　Palantir 的三大基本先決條件為：

· 我們提供能協助人類改善世界的產品。
· 我們擁有許多創新想法，到目前只開發了一小部分。
· 小團隊，無限想像力。

Palantir 三大核心理念，或說三大信條則是：

- **最佳創意是主角**：弗里曼‧戴森（Freeman Dyson）：「工程團隊中沒有所謂的當家花旦。」好的創意是員工願意為 Palantir 工作的基本條件。Palantir 需要有創意、有想法的員工。愛搞政治遊戲和自私都是禁忌。最佳創意是主角：無論出自於誰。

- **沒有什麼是永恆不變的**：佛瑞德‧布魯克斯（Frederick P. Brooks）：「成功的軟體隨時在改變。」Palantir 的產品開發是一個持續性的創新程序。如果現有的解決方案被新方案取代了，就是成功，因為「功能性達到最高境界，疊代重新開始」。

- **永遠專注在企業使命上**：佛瑞德‧布魯克斯：「開發軟體系統最困難的是精準決定標的物。」Palantir 開發的軟體能有效分析極其複雜的數據相關問題，Palantir 認為這項工作非常複雜，而且還包括林林總總的議題領域，如資訊、數據科學、軟體工程、一般性原則、優秀的領導、可高度縮放的分布式系統和使用者行為等。但 Palantir 最重視的還是使用者的問題和挑戰，這項專注讓他們得以堅持在正確的客戶導向原則上。

在發生維基解密事件後，Palantir 的反應非常積極。他們立刻公開致歉，並委託外部律師事務所審查所有流程，緊接著

成立內部道德通報熱線。

　　提爾和卡普非常重視社會和私人自由的權利，他們還因此另外建立一個 Palantir 專屬的職務分類：「隱私與公民自由工程師」（Privacy & Civil Liberties Engineers）。

　　卡普希望保持 Palantir 的純淨。他還向公司的開發人員強調，Palantir 不會有醜聞。一旦發生醜聞，將會荼毒企業文化，可能傷害公司的內部認同和團結。

　　Palantir 的辦公室面積迅速擴增到 25 萬平方公尺，已經成為矽谷面積最大的公司之一，因此也有人事增加的需求。卡普預估 Palantir 的員工可能增加到 5,000 人，就會達到其最大效用。這將與托爾金的小說不同，哈比人的總部最後變成了工業沙漠，提爾、卡普和其團隊都希望他們能倖免於此。

明確的責任劃分

　　Palantir 在權責分配上也有 PayPal 早期的色彩，或許比 PayPal 更一致一些。即便公司的規模已有增長，但卡普和提爾仍獨鍾於組織扁平化。Palantir 不設行銷和公關部門其來有自，因為那只是不必要的累贅，他們寧可將焦點著重在工程師和創業文化。Palantir 也和 PayPal 一樣，由高度授權的小團隊負責開發新的產業解決方案，因此他們需要具有高度想像力的人才。如果要求員工承擔企業風險，那麼也必須同時接受他們的錯誤，因為錯誤屬於業務的一部分。

專注就是以產品為中心

專注和以產品為中心在 Palantir 是一體的，專注策略有三大基本原則：

· 使命；
· 客戶；
· 產品。

Palantir 自成立以來就是一個有遠見、具獨立思考能力的公司。他們將客戶群鎖定為政府、軍方、情報單位和大型企業等具影響力但難以觸及的目標，而這套策略已經奏效了。該策略以最高階層的 B2B 領域為目標，所以只有特定數量的有力客戶負擔得起 Palantir 的軟體。而買賣交易原則上僅在有權決策者的層級上進行，如果由公司裡中等位階的傳統銷售部門負責，根本不管用，甚至還可能適得其反。「我們的成交金額高達百萬到千萬美元之譜，這種規模的交易客戶會希望直接與老闆談，而不是跟行銷主管談。」提爾在《從 0 到 1》中說道。況且，B2B 軟體交易的基礎是參考客戶，你必須得到他們的信任，然後才能藉由「方法和耐性」從這個基礎達到成功。

產品是最重要的核心，Palantir 期望在處理數據時為使用者創造最佳體驗。Palantir 的軟體透過用戶友好介面以全面性問答遊戲的方式讓使用者接觸到數據，使用者無須學習複雜的查詢語言。

這讓 In-Q-Tel 風險投資公司前負責人哈許‧帕特爾（Harsh Patel）拍手叫好：「他們對問題的理解非常專注……，彷彿人可以與數據對話。」但這項挑戰非常艱辛，員工必須將無論是否結構化的各種數據來源，彙整成一個整體，其中特別是非結構化的數據最是令人頭疼。但 Palantir 的專注策略也在這裡幫了大忙：開發人員先專注於結構化的數據組，並開始進行數據分析，然後在後續過程中開發更多數據來源——特別是非結構化的數據。如今，處理非結構化的數據，諸如電子郵件、網頁、社群媒體和感應器資料等，已經成為 Palantir 的核心能力之一了。

在銷售方面，Palantir 也採與 PayPal 相似的策略。他們選擇對 Palantir 軟體有極高需求的客戶：美國中央情報局；再從這個基礎開發出未來可應用在其他公部門，之後也能適用於民間企業的產品。

員工向心力和參與

和 PayPal 草創的前幾年一樣，Palantir 的工作也是信任與否的問題。Palantir 的年薪約 13 萬 7 千美元，紅利則最多 1 萬 5 千美元，內部分配到的股票賣掉最多可得 30 萬美元。對外行人而言，乍聽之下這筆金額似乎很高，但對正處於淘金熱潮、不到 30 歲動不動就有百萬美元身價的矽谷而言，也不算太高。卡普也認為，在 Palantir 工作「無法致富」，但「生活就像是小社區裡的王子」。重要的是，「這是一個重要又有趣的工

作」。Palantir 認為，工作的挑戰性是讓部分員工積極工作的最大吸引力，軟體怪咖最愛的就是解決刁鑽的問題。同時開發人員也必須融入企業文化，能和其他同事和諧共處。這裡可容不下獨行俠和當家花旦，這點和菁英大學一個樣——你在同儕之間，大家一樣優秀，沒有人特別突出。

　　Palantir 不需要學歷之類的正式資格，如資訊系畢業等，重要的是有沒有心「修補破碎的東西」，願不願意與志同道合的人一起共事。Palantir 內部形成一種獨特的文化，開發人員與其他開發人員一起工作，最讓他們感到自在。這種特殊又獨特的企業文化造就了 Palantir 的技術突破，這一直是提爾最愛向媒體津津樂道的公司祕密。

　　所以每次程式推出新的版本時，工程師就會穿上有圖樣的自製 T-Shirt。這是開發人員對成功推出新版本的另類慶祝方式。這讓 Palantir 得以保留幾近天真的新創公司氛圍。在類似情況下，其他公司的行銷人員應該就是大開香檳慶祝了。

　　但不久前，Palantir 公司的氣氛顯然凝重了些，因為歐巴馬政府指控 Palantir 種族歧視。據說亞洲裔應徵者在初期遴選階段就會遭到淘汰，即便他們和其他白人應徵者的資格相當。根據指控內容，130 名應徵者之中約有 75% 為亞洲裔，但 21 名錄取者中僅有 4 名是亞洲裔的，情況對 Palantir 非常不利。美國政府立即呼籲，為美國政府和其當局工作的企業，應保障所有應徵者都有平等的機會。

　　最近還有媒體報導，包括一些重要經理人在內共計逾 100

名的 Palantir 員工離職。根據公司內部文件，員工在 2016 年的流動率約 20%，約前 3 年平均值的 2 倍。為了因應高流動率的問題，卡普宣布員工年資滿 18 個月以上者，一律加薪 20%。年度績效考核也刪除，因為那無法發揮預期的作用。

2016 年秋天開始，卡普對於公司掛牌上市一事，態度開放了許多。「我們已經準備好朝向 IPO 前進」，卡普在《華爾街日報》的技術會議上強調。公司一旦上市，資深員工就有機會將其股份轉換為大筆現金。

創新文化

對 PayPal 和 Palantir 這樣的公司而言，運行無礙的創新文化是最重要的。Palantir 屬於新型態的公司，專門處理重要產業的重要問題。共同創辦人朗斯代爾認為這正是 Palantir 的魅力所在。軟體怪咖最愛困難重重的挑戰，就像登山客的目標鎖定在攀上最高的山峰和最陡峭的岩壁，傑出的軟體開發人員最重視的就是與最棒的人才一起挑戰艱難的任務，因此 Palantir 也試圖創造這樣的組織架構。

Palantir 每天都要面對新的挑戰以及處理大客戶的問題，這是不斷創新的先決條件。為符合這個條件，朗斯代爾表示，我們需要一個「傑出的技術團隊」。卡普的貢獻就是為優秀的軟體開發人員創造一種獨特的吸引力和特殊氛圍。雖然他沒有技術背景，但他具備令所有人欽佩不已的快速理解能力。

Palantir 的最大優勢是，忠於自己的工程師文化，始終如

一，並成功地使其分析軟體適用於更多政府端以及私人經濟的應用領域。公司團隊分成小組運作，每一個小組都具備新創公司特性。小組結構可以透過快速的疊代過程，實現客戶要求，並立即讓客戶進行測試。Palantir 這種直接反饋機制幾乎是 B2B 軟體企業領域中空前絕後的舉措。其中的關鍵因素在於 Palantir 只有軟體開發人員，他們能夠直接與各自負責的客戶和委託方溝通，同時軟體團隊也有充分授權，可以完全專注在解決客戶的問題上，沒有行銷部門或事業開發部居中干擾。

臉書的頭號外部投資人和監事會成員

　　2004 年是提爾多產的豐收年，也是他身為企業家和投資人角色的轉折年。他不僅創辦了新公司 Palantir，還遇到了在自己房間草創名為「臉書」的這個全新網路平台的哈佛休學生──馬克‧祖克柏。

　　祖克柏的父親是牙醫，母親是心理治療師，從小與三位姊妹備受父母關愛，在紐約長大。1984 年生的祖克柏屬於所謂的「千禧世代」，青少年時期就理所當然地擁有電腦和網路，能夠在他們所具備的電腦和網路基礎上盡情發揮自己的想法。祖克柏很早就發現，雖然網路上有可以用來查資訊的搜尋引擎，但卻沒有可以用來尋人的類似搜尋方式，這就是他後來創立臉書的雛形基礎。對提爾而言，他與祖克柏的第一次見面一定讓

他有種似曾相識的感覺。因為早在 1992 年，里德‧霍夫曼就推薦科幻小說家尼爾‧史蒂芬森（Neal Stephenson）當時剛出版的著作《潰雪》（*Snow Crash*）給他。該書情節的發生時間設定在不久的未來，美國已被類似企業的微型國家取代，電腦病毒殺死了電腦程式設計師。史蒂芬森率先在該書中採用了諸如社群網站和 Google Earth 等應用程式的創新概念。社群網路當時只是學術界的議題，心理學家和社會學家正根據代表友誼模式的數學公式交換有關網路概念理論的資訊。

　　霍夫曼對這個議題深深著迷，終於在 1999 年創辦了 Social Net 社群網站，比臉書「早了好幾年」，提爾這麼告訴彭博新聞社。但這個新創公司最後失敗了，因為世紀更迭之際，大環境對於社群網路的接受度尚未成熟。但霍夫曼得到了許多靈感，促使他在離開 PayPal 之後成立 LinkedIn 平台，也讓他躋身億萬美元身價之列。就連 Google 的共同創辦人謝爾蓋‧布林後來也承認，《潰雪》這本書是影響他最深遠的一本書，也是 Google Earth 的重要靈感來源。他認為這本書「比他的想法早了 10 年」。

　　祖克柏為正快速成長的公司來到矽谷尋找投資人，但許多傳統的風險創投公司都一口回絕，因為他們還在舔著不久前網路泡沫破滅後留下來的傷口。且業界一般對 B2C 網路服務的投資興趣和態度也不熱絡，但這正是提爾以逆向思考的投資人角色突破局面的大好機會。

　　2014 年，彭博社記者愛蜜麗‧張問提爾，當初是誰說服誰

（提爾或祖克柏）投資臉書的？提爾答覆：「兩者皆是。」提爾經歷過 PayPal 時期，比任何人都了解病毒式行銷和平台業務，他很清楚，眼前這個年輕人是一塊璞玉。提爾強調，當時對他來說這是一個「不用腦」的投資，他根本想都不用想，這個有如含苞待放的社群網站「臉書」非常有潛能。提爾認為這家新創公司快速成長，只須購買新電腦的預算，他也答應祖克柏，會放手讓他自由發揮。

但就在雙方簽署投資協議之後，提爾還是忍不住給了祖克柏這個傳奇的建議：「Just don't f**k it up.」簡單地說就是：別搞砸了。

2005 年起，提爾進入臉書的監事會，至今也是最資深的監事會成員。他和祖克柏是志同道合的夥伴，特別是祖克柏在這場合作關係中受益良多。他才 20 歲出頭，沒有企業家的經驗，而提爾已經身經百戰，特別是對於荊棘密布的創業過程。因此，提爾在臉書發跡過程中的角色不容低估，祖克柏也非常重視提爾「以監事會成員的角色提出有前瞻性的商業建議」。

前不久，身為臉書監事會成員的提爾，因提供金錢贊助，而陷入線上八卦網站 Gawker 和前職業摔角手霍克‧霍肯（Hulk Hogan）之間轟動一時的訴訟之中；此外，他在川普競選總統時提供贊助和競選獻策，並於川普勝選後進入川普行政幕僚擔任技術顧問和統籌者的新角色，都受到外界抨擊。批評者認為，政治與媒體的權力中立遭到質疑，畢竟媒體懷疑提爾是因為對霍克‧霍肯提供訴訟資金，才致使 Gawker 破產。

　　但祖克柏並未因此落井下石，提爾依舊是臉書的監事會成員。2016 年 10 月，祖克柏在他的臉書網頁上強調，我們不能一邊要求創造文化多樣化，卻同時只因為另一半的人支持特定政治的人物，就屏棄他們。祖克柏認為，「社會要能進步，需要各種型態的多樣化」。

　　提爾對祖克柏來說是個很堅強的支持者，兩人都彼此感謝對方。祖克柏擁有複數表決權特別股，因此在營運上可以不必考慮其他股東。

　　如果要談臉書的企業家角色，那就應該分析提爾和祖克柏兩人的互補功能。提爾是負責經濟領域的出色戰略家，而祖克柏在營運方面的表現也不惶多讓。

企業使命

　　臉書才成立十多年，還是個「青少年」，但已經是全球私人客戶最重要的線上網站，因此企業的使命很重要。臉書的企業使命自 2004 成立以來分階段發展，2004 年他們的企業宣言是：**「臉書是一種透過大學社群網路連結人際的線上目錄。」**下一個階段，則是希望：**「讓人們有機會與他人分享，期望世界更開放、人與人關係更緊密。」**

　　臉書身為 Web 2.0 運動的主角，明確強調要讓人們擁有能在網路上展現自信和能力的工具。臉書自詡為提供和分享文字、圖片和影片等內容的「民主化者」。因為在此之前，人們只能在自己的網頁上提供內容和經驗，要成立自己的網頁基

本上還是需要一些編寫程式的知識。此外,臉書還提供人脈網絡,而且是全球性的。

2012 年,臉書準備掛牌上市時,祖克柏在招股說明書上向未來的臉書股東喊話,成立臉書的初衷並非要成立一個商業性質的企業。他將臉書並列於媒體改革的一環,從書籍、電視一直到網路。他同時認為臉書是將人類與網路連結的基礎設施業者,透過提供服務讓人們彼此接觸,交換訊息和想法。

必要的規模擴增和基礎設施是祖克柏最大的挑戰,但初衷一直都是人與人之間的連結,原則上人際關係就是這個社會的基礎。臉書賦予他的使命就是提升生活品質和生活效率,他已經告訴過股東,他最重視的不是最大利潤,而是所有人全心投入完成臉書的使命。惠普是矽谷的起源,創造了「惠普之道」(HP Way),祖克柏則以「Hacker Way」來勉勵臉書。「Hacking」(駭客)在媒體上只有單方面的負面觀點 —— 肆意闖入其他電腦系統的行為;但事實上,「Hacking」真正的意涵是在未知領域上創造新事物。

但近來,祖克柏意識到臉書有更大的使命,就是必須為超過 20 億的用戶負責。2017 年 2 月,祖克柏發表了一則以「建立全球社群」為標題的宣言,詳述他計畫如何透過臉書讓世界變成一個更適合居住的地方。他的新五點計畫:支持、安全、資訊、社會責任和包容,代表臉書的新價值。他不只希望透過社群媒體凝聚人心,更期望以此為基礎,為社會帶來福祉。祖克柏的角色可能因此變得具有政治意涵,他在宣言中談到將勇

於面對巨大的挑戰，如打擊恐怖主義、氣候變遷和流行病。更好的財富分配、促進和平以及相互理解是他最重視的議題，「這些巨大的挑戰需要全球性的答案」。他認為自己與臉書也有責任。近來受到強烈抨擊的「動態訊息」（News Feed）功能，應可協助用戶找回在臉書上的主控權，並能根據各地法律進行更好的調整。許多評論家都認為這份宣言「狂妄自大」，口氣有如一位總統在對「臉書國」講話。但畢竟祖克柏也意識到，臉書已經無法定義成單純的基礎設施業者，他如果想完成其所賦予的使命，就必須履行他的社會責任。

破壞性因素

　　用一個粗魯的畫面來形容：臉書有如來勢洶洶的沖壓機或稻穀收割機，將眼前所有障礙物全部輾平。祖克柏早期創建臉書平台時，被嘲笑了許久。過去 10 年，矽谷兩大破壞性技術非 iPhone 和臉書莫屬。兩者結合再經由協同效應形成巨大的破壞爆發力。祖克柏知道如何利用明確的策略，將人類的行為轉換到智慧型產品上。臉書擁有超過 20 億用戶，是全世界最大的社群。它如果是個國家，甚至還是一個超越中國和印度的超級大國，更別說美國了。龐大的規模讓該公司擁有強大的談判籌碼，它一旦相中某一產業，該產業將轉眼陷入動盪之中。臉書已經徹底改變了媒體和通訊產業。儘管臉書並沒有自己的內容，卻也間接成為全世界規模最大、影響力最巨的媒體企業。媒體市場總值數千億美元，愈來愈多人將臉書的新聞流當

作主要的新聞來源，於是自家內容未出現在臉書上的媒體將逐漸邊緣化。美國的臉書用戶平均每日使用約 1 小時。近來，臉書還爲媒體公司提供可藉由特殊工具輕鬆設定其優質內容的便利功能，如此一來，知名媒體公司的文章就會直接出現在臉書用戶的新聞流中，省去了用戶再去書報攤購買的時間，即可直接消費他們最愛的媒體內容。目前的統計數字高得嚇人，且出現了變化：從臉書頁面導向新聞網頁的數據流量已經遠遠超過Google；彭博新聞社甚至還預估數量已經超過 Google 50%。因爲受惠於使用者的便利性，用戶只須間接透過臉書即可查看新聞網頁，此舉無疑壓縮到媒體公司的生存空間，因爲只有和臉書合作，將自家內容放在臉書的網頁上一途，才能多少分杯廣告的羹。臉書擁有獨特的數據寶庫，因此在新聞網站的行銷也具有明顯的優勢。

　　臉書的業務數字也顯示這家公司成功藉由平台的使用而受益。臉書也以 Messenger 以及數十億美元收購的 WhatsApp 引起電信產業的一陣騷動。在臉書推出訊息服務後，電信業利潤頗豐的簡訊服務一落千丈，損失達數十億美元。臉書以數位「寄生蟲」的方式聰明使用了電信產業價值數十億美元的網路基礎設施，並同時破壞了他們最賺錢的業務，實踐了最高規格的破壞性。難怪德國電信執行長霍特格思（Timotheus Höttges）於 2016 年 12 月在一則長達數頁的德國《商報》（*Handelsblatt*）報導中抱怨說，德國電信等企業「爲解決框架條件、法規和內部優先排序等棘手問題傷透腦筋」，但矽谷的

科技集團和新創公司卻以「不合作」的形式漠視現有規範，創造新的框架條件和事實。他們以其設計思維，「在客戶問題上毫不妥協」。

領導風格

祖克柏的領導風格絕對有資格稱之為「與眾不同」。從學生時代的創意出發，短短 10 年內發展成一個市值約 5,000 億美元、名列全球十大最有價值的企業。祖克柏是臉書的核心人物。「一切始於他，但未在他身上結束。」麥可・霍伊弗林格（Mike Hoefflinger）在《成為臉書》（*Becoming Facebook*）一書中如此形容。霍伊弗林格是臉書的資深管理階層人員，想必對該公司內部非常知情。

這世界上天才型的開發人員不少，但能將創業想法發展成世界級成果的天才型企業家少之又少，其成功祕訣在於祖克柏不斷地自我發展，每年都設定新的年度目標。無論是規定自己每兩週就要閱讀一本書、學習中文、重操擔任程式設計師的舊業，或是開發一款數位輔助系統等，在在凸顯了他源源不斷的學習和自我發展意志。除了彼得・提爾，臉書也受到風險資金傳奇人物馬克・安德森、Netflix 創辦人里德・哈斯廷斯（Reed Hastings）以及蓋茲基金會執行長蘇珊・德斯蒙德—赫爾曼（Susan Desmond-Hellmann）的青睞，不僅是因為其優秀的表現，更多是因為其具備高度的專業知識，這為祖克柏在關鍵競爭中脫穎而出奠定了最理想的先決條件。

　　若以拳擊爲喻，祖克柏的表現更甚於拳擊手，他能挺住對手的攻擊，又能一而再地站起身來，被稱之強者當之無愧。祖克柏最難熬的時期應該是 2012 年公司掛牌上市後的第一個半年，臉書股價重挫超過 50%，市場對臉書的商業模式和祖克柏本身的疑慮四起。祖克柏成功證明了，只有蘋果和 Google 可以如此華麗地扭轉敗勢。

　　祖克柏不是一帆風順的企業家，提爾在這方面也是一樣。提爾信任自己的敏感度和直覺，截至目前爲止的成功，證明了他是對的。仔細觀察祖克柏的領導原則，不難發現：

- **熱情**：祖克柏爲他的公司和其背後賦予的使命「燃燒」自己。面對艱難時期，祖克柏總是退一步回歸臉書想要改善世界的使命，讓他再度燃起動力。

- **設定目標**：眞正的大公司會設定一個特定目標，從人員招募、吸引正確的投資人、行銷到客戶服務等。偉大的企業家和重要的公司不僅代表他們的產品，也代表一種運動。祖克柏認爲，人是「被徹底改變資訊傳輸和消費的科技所啓發」。最好的例子就是印刷機和電視。「它們鼓勵進步，改變了社會移動的方向，並讓我們更加親近。」對他來說，讓臉書成爲這一連串媒體歷史上的重大創新，就是他的動力來源。

- **人**：創新企業最大的特色就是給員工極大的自由，讓他們能夠根據自己的喜好和興趣開發創意，但也會鼓勵員

工冒險。臉書的新進員工要接受密集的訓練，學習根據祖克柏的「駭客之道」所形成、可快速創意設定的臉書公式。祖克柏最重視「明確的方向」以及「優秀的員工」這兩項能讓公司蓬勃發展的事，兩者兼具就能讓公司運作無礙。

- **產品**：祖克柏和臉書全力支持自家的產品，產品的核心基礎是「快速行動，打破局面」的理念。祖克柏對自家產品的信任也造就他在許多方面對批評的金剛不壞之身。臉書推出動態訊息時，曾引起使用者的不滿，祖克柏當時不予理會。如今，動態訊息服務已經成為臉書成功的重要成長引擎，打造了臉書在社群網路領域中的主導地位。臉書的「駭客之道」確保產品持續進步以及疊代。祖克柏的駭客信條是這麼說的：「（軟體）代碼打敗論述。」

- **合作**：無論多麼優秀，沒有企業家可以獨自經營一家公司。成功是團隊運動，成功的企業家了解自己的優缺點。雪柔・桑德伯格是祖克柏最合得來的夥伴，她擔任公司首席營運長，負責管理公司的每日營運業務，讓祖克柏得以全神專注在策略開發上。桑德伯格成功執行獲利戰略，讓臉書變成超級金雞母。「雪柔是我經營臉書的合作夥伴，也是這麼多年來公司成長和成功的關鍵。」祖克柏說道。

企業策略

賈伯斯 2005 年 6 月在史丹佛大學畢業典禮的演講已經在歷史上留名，那席話包括了許多經典名言與智慧。以下這個句子正好適合當時正以臉書創新邁向矽谷的祖克柏：「你不能預先串連起這些人生中的重點，只有在回顧時才會明白。」回顧祖克柏的來時路，就能深刻體會賈伯斯這句話的意涵：期望世界更開放、人與人關係更緊密的目標，陪伴祖克柏走到今日，只是他現在遵循的目標規模更大了一些。

臉書是祖克柏的人生志業，就像巴菲特的投資天分彷彿與生俱來般，祖克柏則是將自己對心理學的知識和寫程式的能力奉獻給了臉書的使命，人們已經無法想像沒有臉書的日子，這是一大機會，但也可能是最大危機。

由於祖克柏擁有複數表決權特別股，因此他可以順應時機迅速對新變化做出反應，收購 WhatsApp 和 Oculus 虛擬實境科技公司就是該策略最令人印象深刻的一著棋。速度是祖克柏和臉書與生俱來的 DNA，也是一大特色。因為秉持不進則退的原則，他們每天都會為客戶提供新的程式代碼，而比爾‧蓋茲的微軟卻需要 3 年才能推出新的 Office 程式版本。臉書必須繼續保持快速和敏捷，才能在瞬息萬變的社群網路世界隨時迎合消費者的品味。無論是古羅馬時代或是 21 世紀的人，都想要「麵包與娛樂」，廣大的民眾都想要歡樂，這項需求一定會讓臉書的廣告獲益源源不絕。

祖克柏到目前為止的賭注已經開始發酵，他以 10 億美元

收購線上圖片及視訊分享的應用程式，完全複製了巴菲特撿便宜買下潛力公司的投資策略。分析師評估，Instagram 目前的市值已經超過 350 億美元。祖克柏和所有成功的足球教練一樣，需要良好的進攻和防禦戰略。從臉書股票上市以來，他在防禦方面的表現特別亮眼，收購了 Instagram、WhatsApp 和 Oculus Rift 這三個可能危及臉書的重要競爭對手。如今，臉書擁有炙手可熱的廣告業務，以及相當於主導社群網路的準壟斷地位，祖克柏終於可以好以整暇地制訂長期的成功計畫，此刻的他就和 PayPal 時期的提爾一樣，來到稍微可以喘息的地位。在蘋果、Alphabet、亞馬遜之外，祖克柏成功地從 0 到 1，建立了一套獨特的生態系統。提爾是站在 eBay 的背脊上創造了 PayPal 的成功，過程中壓力重重，因此他不能走長線，取得最大的投資收益。當祖克柏一開始稱臉書為「平台」時，備受各界嘲笑，但他最初的策略卻成功了。

　　祖克柏的策略基本上可分三大領域：

・**利潤最大化**：臉書取得新客戶的成本愈來愈低，因為祖克柏的網絡效應發揮了效果。同時臉書還研發獨有和完整的數據中心，試圖在降低基礎設施成本的同時，也能使現有的臉書服務達到最大收益。

・**開發新的目標客群**：祖克柏在這方面採長期計畫，他施展魅力攻勢爭取數十億人口的中國和印度市場，但他心知肚明，對這兩個市場的戰略只能將眼光放遠。

- 開發新財源：隨著新增影片服務，臉書與 YouTube 正
  式交手。「Facebook at Work」這項新上線產品則是企
  業版的 LinkedIn，也逐漸被市場接受。臉書用戶之間類
  似 PayPal 的匯款業務目前也在籌畫中。在這方面，臉
  書至少會先與 Tranferwise 等新創企業合作，且自 2016
  年就已經取得愛爾蘭核發的支付許可證。

　　但即使優秀如馬克‧祖克柏，也只有兩隻眼睛可以探索市
場。所以臉書悄悄地以 1 億美元的價格收購了以色列一家名為
Onavo 的小新創公司。這筆交易對臉書來說只是小 case，因為
Onavo 開發出一款強大的應用程式分析平台，每當蘋果的 App
Store 或 Google 的 Google Play 商店出現新的應用程式，或是
某項潮流即將爆紅前，該分析平台就能偵測到市場的風吹草
動；Onavo 還是唯一可以精準量化臉書競爭對手 Snapchat 潛能
的外部公司。有了這項武器，祖克柏就能搶先在 Alphabet 等對
手之前，買下潛在的競爭對手！

企業文化與溝通

　　臉書貫穿著「駭客文化」或「駭客之道」。身為最高階
程式設計師的祖克柏是體現該文化的最佳代表。臉書最早的座
右銘「快速行動，打破局面」是 PayPal 草創時期的複製品，
這種充滿 PayPal 色彩的快速疊代程序到了祖克柏手上，技法
更純熟了。祖克柏說，他以前也屬於可以容忍錯誤的那一群

人，但隨著臉書的成長，容錯文化也可能導致錯誤數量肆無忌憚地增加，演變為無可控制和無法排除的情況，臉書終將在自己的錯誤中溺斃，嚴重影響用戶的滿意度。所以臉書的座右銘調整成「快速行動，保持穩定」（Move fast with stable infrastructure）。祖克柏認為這是合理的調整。隨著規模擴張的程度，必須「去做符合你現在所處環境以及你在世界上所擁之地位的事」。換句話說，擁有超過 20 億用戶的臉書已經不再是駭客的遊樂場了。對這個世界的許多人而言，臉書是他們的「生活所需」，臉書的服務必須全年無休，24 小時不打烊。

　　文化與成長並存對祖克柏是一大挑戰。「成長不是件容易的事，但重點不在於文化必須保持一致。因為我們有很多不同的價值，可以反映我們想為社群提供最佳服務的行為。但我們如何進行這些行為，可能會隨著時間而改變。」祖克柏深信，無論臉書未來發展成什麼規模，總體性的企業目標有助臉書維持其草創時期的文化，這點可從公司空間和瀰漫該文化的內部氛圍感受得到。臉書辦公室的地板還是裸露的水泥，梁柱和天花板也沒有以裝潢覆蓋。員工習慣將想法寫在牆壁上，所有人的工作位置都在開放式的大辦公室裡，就連祖克柏和桑德伯格也是一樣。他們保留著草創時期的創業文化。「我認為隨著時間過去，員工們會和我心繫著相同的使命，這是創造文化的過程。」祖克柏說，「這讓我們更有動力，不斷推陳出新，以及尋找讓世界更美好的解決方法。」

　　要追求後續的成長以及維護草創精神的文化，就必須吸

引更多優秀的員工。提爾在《從 0 到 1》中特別強調這一點的重要性。Instagram 的執行長和創辦人凱文‧斯特羅姆（Kevin Systrom）評論臉書的成功：「原則上，聰明的人喜歡和聰明的人一起合作，共同解決棘手的問題。」這是一種積極的反饋循環，能讓優秀的人不斷吸引更多優秀人才加入。公司招募人事時，最初的 100 人、500 人和 1,000 人最重要，因為優秀的員工基礎是以相同的品質增加員工數的基石。此外，根據臉書人事負責人洛莉‧高勒（Lori Goler）所說，強大的員工推薦行銷也是公司吸引人才的一大利器。

年過半百的臉書領導力發展負責人比爾‧麥克勞翁（Bill McLawhon），在這群平均約 30 歲的年輕員工之間實屬異類。他認為，臉書應該拓展到全世界每個角落，才能吸引更多美國以外的用戶和客戶。他期望臉書下一個 20 億和 30 億用戶能夠來自開發中國家，屆時臉書就能透過數據中心、發展和營銷辦公室，撐起一個全球戰略網絡。麥克勞翁認為：「資訊、戰略和領導力必須雙向齊頭並行。」快速、自主、勇於冒險、對等級制度抱持懷疑態度等臉書所堅持的價值，大多與開發中國家的文化背道而馳，因此臉書最大的挑戰是找到能完美融合其文化和當地環境的員工。

企業管理

臉書採矩陣式組織結構，該結構的優點就是可以快速地反映市場趨勢和變化。同時，中央對公司在全球的活動也有強大

的管控功能。

臉書共分以下三大組織單元：

- **功能導向型企業團隊**：臉書的每一個企業功能各有專屬團隊，以執行整個組織文化的營運活動。這是為了因應線上社群媒體業務的各種不同需求所形成，例如研發領域。矩陣式的組織結構，有助於功能性企業團隊與地理和產品導向型的事業部門，進行跨團隊的合作。臉書目前的事業部包括：財務、營運、產品、研發、數據保護和安全、技術與工程、全球行銷，以及全球創意戰略。

- **地理導向型事業部門**：這些事業部門使臉書得以快速且更明確地評估線上廣告市場動態的差異性，例如拉丁美洲廣告商的重點就和歐洲的廣告商不同。人事部門也是在當地招募。有些地理導向型的事業部門，因為矩陣式組織結構的關係，會與功能導向型的企業團隊共用資源。區域性的事業部則分為：北美、拉丁美洲、歐洲、中東、非洲、亞洲，以及南太平洋。

- **以產品為基礎的事業部門**：負責整個組織營運產品的團隊。一致性的平台業務是臉書的產品發展方針，他們為全世界所有用戶提供所有服務。產品開發時已考量到所有可能的擴張和多樣化。新增產品和其他企業合併後，還會加入更多以產品為基礎的事業部門。目前所屬相關部門為 Messenger 或行動產品等。

　　到目前為止，祖克柏和桑德伯格全心專注在核心事業，以及將臉書擴展成全球領先的通訊平台業務。臉書的收購政策也是一大特點：祖克柏不惜高價收購 Instagram、WhatsApp 和 Oculus 等公司，但競爭對手 Alphabet 則試圖利用許多「瘋狂計畫」（Moonshot），如自主駕駛汽車或家庭自動化，達到將 Google 廣告平台和 Android 行動作業系統「植入」更多裝置的目標。祖克柏則專注在他的冒險計畫上，如 Oculus Rift 虛擬平台或在基礎設施缺乏的偏僻區域開發網際網路的 Internet.org 計畫，這些計畫雖然有很多風險，但都直接與臉書的核心業務相關──在世界各地吸引更多臉書用戶，讓他們能更緊密互聯。

實時資訊和判斷

　　臉書不僅為其廣告商客戶提供評估廣告效益的工具，還會運用內部量測的方式，取得公司重要指數的即時概覽性資訊。臉書將其區分為「直接指數」和「間接指數」，前者也會發表在給投資人的簡報中，後者則用來測量平台和企業內部的生產力：

直接指數（投資人）

- 每天活躍用戶總數（Daily Active Users, DAUs）；
- 每天活躍用戶，行動裝置（Mobile DAUs）；
- 平均用戶貢獻度（Average Revenue per User）；
- 區域性用戶貢獻度（Revenue by User Geography）；

．區域性廣告營業額（Advertising Revenue by User Geography）。

間接指數（生產力）
．正在運行的伺服器數量（數據中心生產力）；
．每日待決事項完成度（開發團隊生產力）；
．每日已處理訊息數（客戶服務生產力）。

　　臉書也會使用他們的即時內部量測方式來開發新功能，新功能會先開放給一小群用戶（約 1%）試用，待用戶接受度到達一定程度後，便會開放給所有用戶。如果試用用戶對新功能的接受度不高，臉書會重新檢視該功能，進行改善或直接捨棄。在這方面，與蘋果或特斯拉等科技公司相比，臉書身為數位化平台具備「快速原型設計」（Rapid Prototyping）的寶貴優勢，科技公司產生實體產品，產品週期較長，但在產品開發上必須更保守思考。

明確的責任劃分
　　臉書的權責劃分與提爾時期的 PayPal 有許多相似之處。提爾和祖克柏有很多共通點：兩人都是具有明確願景的企業創始人，也會確切地實踐他們的願景。祖克柏接受提爾的建議，仿效他在 PayPal 的時期，一樣專注在公司的策略方向上。里德‧霍夫曼之於 PayPal 的提爾，就像桑德伯格之於臉書的祖

克柏，負責公司日常的營運業務。祖克柏也不是直接買斷收購 Instagram 和 WhatsApp，而是仍讓其原有的創辦人擔任執行長，並給予極大的決策空間，就像企業尚未出售前一般。此外，在矩陣式組織結構以及由祖克柏、桑德伯格和首席技術長邁克‧施羅普弗（Mike Schroepfer）組成的領導團隊運作下，新購入企業的執行長凱文‧斯特羅姆（Instagram）和顏‧庫姆（Jan Koum, WhatsApp）得以與其他團隊合作，並使用臉書母公司集團幾近無限的資源。臉書的矩陣式組織結構強化權責分明在公司內部的重要性，扁平化組織和去頭銜化則旨於要求每位員工對自己的工作負責。臉書徹徹底底就是一個數位平台公司，因此每位員工的責任和義務也都透明化呈現。

專注

　　祖克柏在戰略上以及桑德伯格在營運角度上皆以讓臉書朝向企業使命的方向前進。企業全體員工則專注於為用戶提供更好的連網和通訊可能性。臉書的營運方式與蘋果或提爾主導時的 PayPal 很類似，他們專注於基本核心和推動業務，也就是社群網路的功能。提爾時期的 PayPal 也不曾三心二意，因此對伊隆‧馬斯克帶來的金融超市想法敬謝不敏。臉書雖然擁有市場壟斷地位以及超過 20 億用戶，但或許也正因為如此，公司和祖克柏承受莫大的壓力。他們最大的挑戰就是讓快速成長的臉書、Messenger、Instagram 和 WhatsApp 維持穩定和高效。

　　在可隨時連網的行動時代，用戶如果無法立即使用服務

或甚至上傳發文、按讚、訊息和照片，很快就會怨言滿天。因此臉書投注很大的心力開發自家電腦和網絡技術，作為共享資源或提供給其他企業使用，以促進更多的創新。難怪臉書會將「穩定的基礎設施」時程設在公司新的使命項目中。桑德伯格專注在逐步拓展廣告業務的運營，臉書開始謹慎執行 Instagram 的收益計畫，WhatsApp 則尚待時間評估，臉書目前首重於讓 WhatsApp 的用戶成長到最大。祖克柏目前以 Internet.org 計畫和新購入的 Oculus Rift 虛擬實境公司，將戰略聚焦在讓開發中國家再增加 10 至 20 億個新用戶，以及以虛擬實境的熱門議題滿足高端客戶的體驗樂趣上。

以產品為中心

臉書社群網站在對的時機出線，正中「數位原民」（digital Natives）下懷。祖克柏設計簡單又明確的使用者介面，讓用戶在最短時間內建立自己的資料檔、上傳內容、與朋友連結。和 PayPal 只須透過電子郵件就可以完成轉帳程序一樣，臉書能從幾近無限的連網可能性中受惠於更大的網絡效應。讓祖克柏感到自豪的是，臉書每天都會為用戶提供新功能，與 PayPal 相比，這個頻率明顯高出許多。祖克柏證明了，他不僅能開發出一種社群網絡，還能讓它達到如今這麼龐大的規模，在眾人長久以來的嘲笑中實現了他建立平台的初衷。如今，臉書已經成為全世界的通訊中心，臉書團隊無法自行研發的功能，祖克柏就透過聰明的方法或甚至高價購入，例如

WhatsApp 或 Oculus Rift。跨足到 eCommerce 或數位支付程序
等鄰近領域的想法則盡量克制和避免，專注於核心業務，畢竟
因應臉書蓬勃發展的廣告業務和相關收益可能性，所有員工早
已忙得焦頭爛額。

員工向心力和參與

　　1998 年，麥肯錫（McKinsey）管理諮詢公司曾以「人才
戰爭」研究標題引起企業界關注。這項研究的核心在於，未來
企業的成功將愈來愈倚重於是否能取得優秀的人才。特別是矽
谷的人才戰爭更是激烈，尤其是大數據或機器學習領域的專業
人員。特別是短短幾年內規模倍增的公司（臉書從數百人員工
擴增到超過 1 萬名員工）更面臨每年必須招聘數千名新員工的
強大需求。這些龐大數量的新員工不僅必須具備必要的能力資
格，也必須符合企業的需求，因此招募程序非常重要。

　　臉書的人事負責人洛莉‧高勒接受《商業內幕》採訪，提
及臉書招聘時的注意事項：

- **勇敢**：他們鼓勵員工勇敢下決定，即便有時候難免犯
  錯。因為唯有如此，臉書才能維持創新。祖克柏也在招
  股說明書中表示，企業最大的風險就是不冒險。
- **效率**：新員工必須要有好奇心，必須認同臉書期望世界
  更開放、人與人關係更緊密的使命。
- **快速**：臉書的企業價值：「我們不害怕犯錯，而是害怕

因爲行事緩慢而錯過機會。」臉書擁有創造者文化。

- **開放**：「開放與透明、建立社群、互相合作——是我們最重要的工作元素」，高勒說道。開放的空間和不斷回饋的文化有助於實現以上元素。

- **創造社會價值**：臉書是一個以優勢爲基礎的組織，這句話是高勒改編自管理顧問暨作者馬克斯・巴金漢（Marcus Buckingham）的言論。巴金漢認爲，公司文化必須以個別員工的才能爲基礎，這樣員工才能認同自己的任務，發揮自己的優勢，去做他們認爲最有意義的事。

當然不只人事招募重要，現有員工的滿意度也很重要，但這在不時湧現新機會、新的新創公司前仆後繼以及許多炒作議題此起彼落的矽谷而言，並不是件簡單的事。臉書不僅在財務數據方面有亮眼表現，人事部門的數據也不惶多讓。

臉書注重提升員工優勢的文化深受 1980 年後出生的千禧世代的青睞。他們最重視充實的生活，也就是工作上的成功和獲得認可。到 2025 年，千禧世代將占美國就業人口的44%，因此是最重要的族群。

根據 PayScale 薪資分析公司於 2015 年針對 33,500 名科技產業就業人員所做的問卷調查，在 18 家參與調查的科技公司中，臉書獲得自家員工的最佳評價。96% 的臉書員工滿意他們的雇主。在最佳雇主選拔競賽中，臉書的成績也非常優異，根

據 Glassdoor 職場評價社群的調查（員工可透過社群匿名評價其雇主），臉書得到科技公司「2017 年最佳雇主」選拔的第一名，共得到 4.5 顆星（最高 5 顆星）。92% 的員工會推薦朋友到臉書工作，92% 的人看好臉書的未來前景。祖克柏的領導角色甚至破紀錄地獲得 98% 的認同，因此臉書更能從其他頂尖科技公司吸引更多人才。從蘋果跳槽到臉書的人，比從臉書跳槽到蘋果的人數高出 11 倍；從 Google 跳槽到臉書的人，比從臉書跳槽到 Google 的人數高出 15 倍；從微軟跳槽到臉書的人，甚至比從臉書跳槽到微軟的人數高出 30 倍。

　　臉書的每位新進開發工程師都必須參加的新人訓練營，對凝聚員工向心力具有重大意義。臉書在制度上落實「以優勢為基礎」的文化，新進開發工程師在為期 6 星期的訓練營之後，可以選擇他日後的工作團隊，而不是團隊選人。祖克柏和桑德伯格更是從企業頂端身體力行這項文化，祖克柏基本上只專注在策略性議題，而桑德伯格則只負責讓臉書這台運行機器在高壓下順利前進。

創新文化

　　波士頓管理諮詢公司（Boston Consulting Group）每年會選出全球企業創新一百強。2013 年，臉書從之前的第四十三名躍升到第五名，很多人都覺得不可思議。破壞性理論教父暨暢銷書《創新的兩難》（*Innovator's Dilemma*）作者克雷頓・克里斯汀生（Clayton Christensen），在《經濟學人》雜誌的會

議上，不認同將臉書列為創新企業。他認為臉書的成功在於擴展業務，這對他來說是「執行面」，也就是業務的營運，並不具備「創新」真正的特色。

《商業內幕》的新聞網站創辦人亨利‧布洛吉特（Henry Blodget）早在 2010 年就在他〈臉書快速成為全球最受歡迎網站的攻勢〉一文中，提及臉書的創新文化。布洛吉特表示臉書的創新方法很聰明，這在當時還引起極大的騷動，因為臉書未徵詢使用者同意就擅自更改隱私政策。此舉或許不是那麼恰當，布洛吉特說道，但當一家公司進入嶄新的領域，這麼做能夠保證該公司穩坐領先的地位，不必為了先徵詢數百萬或是目前超過 18 億用戶的同意，而使其創新動力受到阻礙。布洛吉特以祖克柏的偶像比爾‧蓋茲和微軟來對比，蓋茲在 20 年前也用了同一招，因此建立了成功且價值非凡的國際性集團。

布洛吉特在創辦《商業內幕》之前是一名成功、但備受爭議的華爾街股票分析師，他對臉書的陳述應該是正確的。桑德伯格已經成功讓臉書蛻變成一隻金雞母，光 2016 年度，當時創辦僅 12 年的臉書營業額已高達 260 億美元。桑德伯格認為，臉書的創新關鍵在於「創新與科技」的組合，她接受矽谷 *Fast Company* 雜誌專訪時這麼說道。2012 年的招股說明書上還提到臉書行動應用程式對公司營業額尚無貢獻，但 2016 年，行動應用程式的收益就占了約 80%。桑德伯格的團隊成功地透過巧妙的數位廣告試驗，在小小的手機螢幕上創造最大的廣告收益。此外，臉書還發明了適用於行動裝置的廣告規格，如 360

度影片和可讓使用者參與其中的互動式廣告等。臉書還推出了名為「Creative Hub」的新平台，公司和廣告商可在該平台上測試新發明的廣告規格。行銷公司未來應該會專為社群網路適用的規格製作廣告，而不會直接拿現有的電視廣告來套用。

　　臉書能達到如此的創新躍進，新的廣告規格又能快速推出，主要關鍵是祖克柏對「每天都要為用戶提供新功能」的堅持。祖克柏和桑德伯格都明白，每日創新是吸引用戶留在平台上最重要的元素，因此他們採取和 15 年前提爾時期的 PayPal 相同的策略：透過新產品讓功能不斷創新。

4

大鳴大放的公開論述：
《從 0 到 1》與《多元神話》

//////

擺脫「教育」一詞。

——彼得・提爾

史丹佛的課程精華：《從 0 到 1》

　　提爾對傳統教育體系嗤之以鼻。當被問到：「如果能夠重新選擇求學的過程，你會怎麼做？」時，他簡潔地答道：「擺脫『教育』一詞。」「我們的教育模式停留在 19 世紀，我認為必須找到新的方法，讓教育體系個人化，讓學生可以根據自己吸收新知的速度學習。」

　　提爾質疑並正面挑戰傳統教育體系的做法，就是創立「提爾獎學金」。2012 年開始，他提供休學學生每人 10 萬美元獎學金，鼓勵他們勇於實現自己的創業夢。此舉惹惱了學術界。提爾也對「教授創業」的獨立課程感到懷疑。「我不確定可以在課堂上教授創業，對於這點我深感懷疑。但學生確實可以間接學習到有助於創業的能力。」提爾於 2011 年接受《史丹佛

律師》雜誌訪問時這麼說道。

　　令人訝然的是，提爾於 2012 年在史丹佛大學資訊系開了一系列的講座課程，與學生分享他對世界及其變化的看法。一名法律系學生布雷克‧馬斯特（Blake Masters）在課堂上非常積極地寫筆記，並且在未事先徵得提爾的同意下，將上課內容發表在自己的 Tumblr 部落格平台上。馬斯特的文章迅速在網路上爆紅。當知名的《紐約時報》專欄作家大衛‧布魯克斯（David Brooks）將這些文章轉貼在自己專欄時，馬斯特才寫電子郵件徵詢提爾的同意。提爾鼓勵他：「再接再勵，繼續發表其他文章。」馬斯特的部落格至今已經有超過數百萬次的點閱率。

　　為了讓這門課程的核心觀念觸及更多人，提爾開始有了將上課內容集結成《從 0 到 1》這本書的想法。他希望能藉此觸發社會對創新議題的討論，並認為這個議題的發酵應該延伸到史丹佛、大學校園以及矽谷之外的每個角落。

　　提爾對《從 0 到 1》的期許是，從矽谷學習「為什麼全世界最有價值的企業是尋找新途徑解決真正問題的公司，而不是那些在既有路徑上的競爭對手」。

　　3 個月的課程內容彙整成了一本有組織、厚達 200 多頁的書。對提爾而言，「思維組織化」也是產生偉大內容的關鍵。而將提爾的課堂精華發表在部落格，進而引發眾人關注的布雷克‧馬斯特，則為這本書的共同作者。

　　《從 0 到 1》的書名就已經透露提爾出版這本書的目的。

電腦語言是由「0」和「1」兩個符號組成，而對提爾的意義
則是：「做新事物、做別人沒做過的事」。他深信，唯有創新
才能讓我們的社會更上一層樓。提供社群網路服務的臉書以及
網路搜尋的 Google 就是符合上述要求的企業，因此他們擁有
珍貴的價值。提爾也堅信，我們這個社會的自我發展還不夠努
力。我們身處於科技停滯的狀態，被現代化的智慧型手機所展
現的絢爛數位化世界搞得眼花繚亂，然而我們周遭的「環境卻
老舊又疲弱」。

　　提爾的信條是，世界上所有產業和企業的每個角落都能夠
創造進步。企業領導人最迫切需要的就是獨立思考的能力。

　　提爾一語中的：「下一個比爾‧蓋茲不會開發作業系統，
下一個賴瑞‧佩吉（Larry Page）和謝爾蓋‧布林（Sergey
Brin）不會推出搜尋引擎。……複製只是從 1 變到 n，讓世界
增加更多熟悉的東西。但是，創新是由 0 到 1。在今日的市場，
無法透過無情的競爭產生未來的贏家，他們勢必擺脫所有競
爭，因為他們的企業創新是獨一無二的。」

　　這本書對美國未來的進步抱持著樂觀的態度，並將帶領讀
者以全新的思維看待「創新」。提爾希望激發讀者提出能帶我
們前往「意想不到之處」的問題，讓我們有意想不到的收穫。
這樣說好像是在尋找復活節彩蛋一樣，但提爾這本書想要傳遞
的訊息非常明確：「相信祕密、尋找祕密，就能在既有思維之
外發掘出顯而易見的新可能。」

　　提爾在《從 0 到 1》中不時回到他最在乎的問題：「有什

麼是你跟其他人有不同看法，但是你覺得很重要的事實？」
The Atlantic 雜誌在一則評論中寫道：「提爾的想法令人耳目一
新。謹記：你的創業夥伴是家人、分配給員工的任務要定義明
確、從有前景且可獨占利基市場的小產品著手、不要討厭銷售
人員、努力找尋能讓你從紅海脫穎而出的原則或祕密。」

　　提爾一向自詡爲「公眾知識分子」，《從 0 到 1》這本書
證明了他具備相當足夠的基礎知識。他還不時受邀前往國際知
名大學演講，例如英國倫敦經濟學院或德國慕尼黑大學等，與
年輕學子分享他的著作和他對創新的看法。*The Atlantic* 的評論
家認爲，提爾這本書「有如一台雷射投影機」，它是「企業家
的自助書」，爲自己充滿正能量，開創唯有創業才能打造的未
來；但 *The Atlantic* 也認爲這本書是「資本主義及其在 21 世紀
獲取成功最啓發人心的深刻對話」。

　　如前所述，提爾的挑釁性論點「競爭是留給失敗者的」是
《華爾街日報》的一則專欄標題，同時也是提爾故意引起的話
題，因爲他認爲大多數經濟學家都誤以爲競爭可以創造價值，
但他的看法卻大相逕庭：唯有壟斷才能創造龐大利潤，進而達
到永續性的價值。

　　《德國南德日報》稱提爾是「有思想的商人」；馬克‧祖
克柏到在《從 0 到 1》中看到「如何在世界上創造價值的全新
看法」；《黑天鵝效應》作者、哲學家暨金融數學家納西姆‧
尼可拉斯‧塔雷伯（Nassim Nicholas Taleb）還認爲這本書是
經典之作，建議讀者最好要讀三次才夠。

　　《紐約時報》評論員大衛·西格爾（David Segal）則有截然不同的看法。他批評提爾未體現書名真正的意涵：「這本書給人的感覺就是傳遞無須競爭的訊息。」西格爾認為，提爾所提出的「建立下一個 Google」的建議，看似無懈可擊，但又完全無用武之地。提爾在書中承認，他在書中所描述的新創企業類型非常罕見，但他因創辦 PayPal 以及後來投資臉書所創造的財富讓他深信，只要多點勇氣、多點想像力，創造非凡的可能性就會大增。西格爾將這本書比擬成一場晚宴：你坐在一個人旁邊，他的財富和源源不絕的想法讓你以為他掌握了全場的發言權。

　　對亞洲版 Portal Tech 網站而言，「《從 0 到 1》是熱衷於拜讀企業家叢書、全球經濟和商業哲學與初創企業研究報告的人亟需的新鮮空氣」。但是這位評論家不贊同提爾對亞洲的看法，他認為那是源自過於簡單化的刻板印象。提爾最不看好亞洲的未來，但事實上正好完全相反。許多中國的網路企業家少年早成，不想那麼早就提前退休，在海灘或高爾夫球場上悠閒度過漫長的下半輩子。很多年輕的成功企業家將他們的財富投入慈善事業或環保議題，阿里巴巴的馬雲便是一例。但大多數人在重新創業或投資領域中尋找快樂。根據尼爾森市場調查，經濟正在起飛的印尼等亞洲國家已經成為全世界最有信心的未來市場，東南亞國家也是儲蓄率最高的經濟體之一。此外，當地消費者擁有較高的可支配收入，可望吸引更多的投資。

　　The Atlantic 認為提爾的這本書既是對企業家的啟發，也

是對商業叢書流派本身的啓發。《從 0 到 1》在類似的商業叢
書中擁有壟斷性的地位。銷售量證明了一切，提爾的著作登上
《紐約時報》暢銷榜，同時也名列國際暢銷書榜，就連中國市
場也對提爾的著作趨之若鶩。提爾說，他的書在中國的銷售量
已經超過其他所有國家的銷售總量了。

多元化議題的醜聞：《多元神話》

記者和媒體不是只會挖政治人物的瘡疤，2016 年 10 月，
當提爾捐給川普 125 萬美元作爲競選捐款時，媒體又挖出提
爾和薩克斯於 1995 年考完試後出版的《多元神話：校園的多
元文化和政策排他性》大做文章。「校園」並非泛指所有學
校，而是赫赫有名的史丹佛大學。20 年前，曾擔任《史丹佛評
論》主編和發行人的提爾和薩克斯自覺有使命感，因此撰著了
一本關於大學價值觀變化的書。他們認爲自 1986 年以來，在
行政、教師和學生的齊力行動中，史丹佛大學成爲美國第一個
多元文化學院。兩人在該書中引述了當時校長唐納德‧甘迺迪
（Donald Kennedy）的話。1989 年他告訴甫入學的新生，多元
文化計畫「是勢必成功的勇敢實驗」，也就是說，史丹佛大學
的 2 萬 5 千名學生都成了甘迺迪校長實驗的白老鼠，實驗內容
包括變更課程、改變學生的看法以及導入全新的行爲準則等。
之前在史丹佛大學擔任生物學教授的甘迺迪，終於有機會在活

生生的對象上，測試他的新實驗。「如果我們這裡失敗了，」
甘迺迪說道，「別的地方也不可能成功。」這番話改編自法蘭
克・辛納屆名曲〈紐約・紐約〉的歌詞「If I can make it there,
I'll make it anywhere」。甘迺迪的這番話是計畫繼續實踐的指
導方針。只是不久後，他的金融醜聞曝光，1992 年夏天不得不
摘帽求去。

　　根據提爾和薩克斯的說法，基金會理事會、國會議員、校
友和一般大眾很快就意識到，「這個偉大的多元文化實驗」帶
來的結果，和一般民眾對高等教育的期望完全相反。兩人在書
中所描述對言論自由的限制，和「一種新的排他形式，或稱政
治正確性、歇斯底里的反西方課程規畫、學生生活政治化加劇
以及不同種族和民族的兩極分化」等，都是該實驗在史丹佛留
下的副作用。他們將這次的多文化小旅與哥倫布發現新大陸互
相比較，後者滿腔熱血啟程出航，最終在幻想破滅後歸來；而
史丹佛大學的這場實驗最終也步上了哥倫布的後塵。但儘管如
此，多元文化主義已經蔓延在「一整個世代的美國領導人」之
間，後續的畢業生也將追隨著前人，將多元文化的規則深植於
社會中。

　　選擇史丹佛作為多元文化的實驗前哨站，是與多元文化未
來息息相關的「誘惑」，也是「危險」的「大警訊」。如果不
挑擁有眾多聰明才智的人、平和的小鎮環境以及龐大財務資源
的史丹佛，還能選擇哪裡為多元文化主義者鋪路呢？提爾和薩
克斯認為，史丹佛大學經過這些改變之後每況愈下。他們不僅

將史丹佛比擬爲由貪腐墮落的意識型態階級作爲統治者的第三
世界國家，更迫切地呼籲美國，盡快停止多元文化計畫的後續
執行。

　　然而，對於 2016 年 10 月再次將提爾和薩克斯的著作攤
在民眾面前的媒體，特別是英國《衛報》而言，該書中可用來
借題發揮的其他片段更加精采、更有媒體效果。《衛報》還以
「捐給川普 125 萬美元的彼得‧提爾，宣稱約會強暴是『遲來
的報仇』」爲標題，暗指 1991 年發生在史丹佛大學的性侵案
件。當時一名 17 歲的女學生酒醉後在學生宿舍遭到強暴，「雖
然嫌犯被控提供酒精給未成年少女，並在其缺乏判斷力的情況
下占對方便宜的行爲明顯有罪，但這並非性侵……可想而知，
該女子隨後對整起事件表示遺憾」。

　　他們兩人基本上雖然都認爲這起事件是在藥物和酒精影響
之下的強迫或脅迫性攻擊，是「史丹佛大學絕對無法容忍」的
行爲，但他們在同時發表的文章中表示：「難以置信的是，竟
然有人認爲暴力受害者不會留下生理創傷。」

　　一名女子或許在隔日或甚至數日後才「意識」到自己被
「強暴」，且不確定誰是犯案者。如果雙方的性行爲是因爲酒
精使然，提爾和薩克斯無法理解，爲什麼總是只有男人受到指
責。他們的結論是：「男人才是終結性侵運動的眞正受害者。」

　　挖出這件超過 20 年的塵封往事，當然讓媒體見獵心喜，
他們將提爾和薩克斯的文字與川普對女性的說法串連在一起。

　　2016 年 10 月，有關「多元神話」的報導刊出之後，提爾

立即透過《富比士》雜誌表示，他對於他在該書中的看法深表遺憾：「我在 20 多年前與好友合著了一本書，這本書包含了許多未經思索的惡劣陳述。我之前也說過了，我真的很希望我從來沒寫過這些事情，我感到很後悔。各種形式的強暴行為都是違法的。」此外，提爾也表示很後悔寫了影響他人看法的文字。同日，在提爾表達懊悔之前，薩克斯也透過科技媒體 Recode，為該書及其言論向大眾表達歉意。「但這本書不能代表現在的我或我現在的信念。」他表示，這本書是「20 多年前寫的學院新聞。我對於我的一些早期看法感到羞愧，也很後悔寫了那些言論」。薩克斯還捐給希拉蕊·柯林頓 7 萬美元，表示他的政治理念與提爾不同。

　　但將《多元神話》這本書簡化到剩下被媒體攻訐的那一部分，未免太過膚淺。薩克斯和提爾早在 90 年代中期就指出現在無所不在的「文化衝突」現象。原則上，多元文化爭議存在於保守派和自由派之間；更精確來說，是「在憤怒的保守派白人男性和其餘所有人之間」。更符合時事的說法則是：在川普獲勝後，媒體不厭其煩地不就是要讓我們明白，那些憤怒的保守派白人男性就是他最想拉攏的目標族群嗎？

　　提爾和薩克斯早在 20 多年前就認為，在討論多元化或多樣化議題時，不應偏離現實。如果從經濟多樣性的角度來看，值得思考的是美國教育體系的高學費。順利完成大學學業至少要花費六位數美元的學費，這是許多家庭無法負擔的財力，無力上大學的人等於提前被刷下來。所以說，金錢仍然是獲得高

等教育的關鍵。

　　根據提爾和薩克斯的說法，政治多樣化也不常見。他們強調《多元神話》在 1995 年出版時，史丹佛大學的教職員大約有八成都是共和黨員。

　　但他們兩人畢竟還是多元文化的一環，因爲在校園裡必然會與不同種族的人來往。提爾和薩克斯以康乃爾大學、柏克萊大學和史丹佛大學爲例，這三所大學會根據學生的原籍區分爲非裔美國人、拉丁裔美國人、亞裔美國人和當地美國人，並據以分配學生宿舍。他們的結論是：「這種區隔化的結果，讓大量的少數民族學生遠離大部分的校園，限制了多樣化和交流的機會。」

　　即使提爾和薩克斯已與該書言論適當地做了切割，並透過許多言論與母校劃清界線，但他們選擇了傾向於更開放、更深入探討多元文化與多樣性的議題，擺脫不容許對社會某些群體造成冒犯的貼標籤和政治正確。

　　20 多年後，多元化議題比以往更顯重要。Alphabet 和臉書等大型科技集團雖然看似與我們這個時代和廣大社會無關，但數位化和破壞性效應卻是無所不在。這些企業的本質看似由與多元化沒有任何共通點的保守派核心凝聚著。

　　「Google 正在尋找它的靈魂」，這是《財富》雜誌 2017 年初製作 Google 多元化措施報導的標題。全世界約有 80% 的問題都是利用 Google 搜尋，其中不乏有來自各個種族的問題，他們都希望得到滿意的搜尋結果。Google 當然意識到，自己的

員工也必須是全世界使用者的縮影，才能為廣大的使用者提供
有意義的結果，來滿足使用者。投資者也愈來愈重視多元化，
湯森路透公司（Thomson Reuters）首度於 2016 年推出多元共
融指數（Diversity and Inclusion, D&I）。這家金融數據供應商
分析了超過 5,000 家企業，發現重視多元化的企業產出大量創
新產品、客戶滿意度較高，且業績表現為佳。前二十五大企業
包括美國的跨國企業，如寶僑（Procter & Gamble）、嬌生公
司（Johnson & Johnson）、微軟和思科系統（Cisco）等，但
卻沒有 Google 和臉書，內行人對此一點也不感到驚訝。2014
年，Google 首度放棄堅持，公布了員工的出生原籍資料，令人
大吃一驚。根據 2016 年的數字，在 Google 約 4 萬 6 千名美國
員工中，有 71% 為男性，57% 為白人；大多數的主管職務由
男性擔任，亞洲籍員工至少有三分之一，拉丁裔有 5.2%，黑人
則僅有 2.4%。

　　臉書的數字更明顯。員工之中僅有 17% 為女性，西班牙裔
有 3%，黑人僅有 1%。根據《華爾街日報》和彭博新聞社的報
導，臉書試圖執行一系列的測試計畫，並採用一種數位問卷的
評分制度：人事主管如果雇用一名女性、黑人或西班牙裔的研
發人員，就能得到雙倍點數。

　　由此可見，這些科技集團未來還有很大的改進空間。就連
提爾的 Palantir 大數據分析公司也公開承認，他們在多元化方
面還有待加強。Palantir 曾被指控在電話面試時「依慣例刷掉」
亞洲裔的應徵者，但他們否認。這場訴訟如果落敗，可能會嚴

圖表4-1　Google與美國勞動人口比較

● Google　● 美國

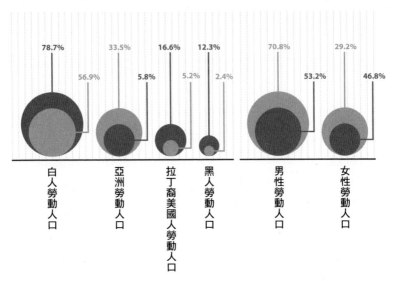

2016年Google資料／2015年美國勞動人口資料
資料來源：Google與美國勞工統計局

重打擊 Palantir 的業績，Palantir 極有可能失去成爲美國聯邦政府的供應商資格。這麼一來，Palantir 就沒有機會承接美國政府單位的訂單，這將爲 Palantir 帶來莫大的損失。於是 2017 年 4 月，雙方達成協議，Palantir 同意支付 160 萬美元，調解與美國勞工局的訴訟。

　　當 90 年代中期網路普及化時，每個人都以爲知識自此也

將隨之民主化。「網路世界的生活並不像美國第三任總統湯瑪斯·傑佛遜（Thomas Jefferson）所希望的那麼美好：建立在以個人自由為首要地位的基礎上，達到多元化、多樣性和社群的承諾。」這番話出自於一向謹言慎行的米奇·卡普爾（Mitch Kapor）。卡普爾是蓮花軟體（Lotus）公司的創辦人，也是全世界個人電腦辦公室應用最廣泛的電子表格計算發明人。卡普爾後來成立 Kapor Capital 風險投資公司，是現今矽谷最有影響力的投資人之一。

馬克斯·列夫琴在史丹佛大學授課時也坦承 PayPal 無法達到多元化的原因：「PayPal 只有一群阿宅員工！他們沒跟女人說過話，怎麼有辦法跟女性員工互動，甚至雇用她們？」不只如此，列夫琴還強調，多元化對年輕團隊很重要或有優勢等論述，都是無稽之談。「年輕團隊愈多元，就愈難找到共同的基礎。」在企業草創之初，時間分秒必爭，除了資金以外，時間是最有限的資源，無論如何都必須錙銖必較。長時間的討論和意見分歧，勢必會拖垮新創公司的前景。「如果世界上有所謂的成就型社會，無疑就是矽谷。」大衛·薩克斯說道。

媒體只以偏蓋全地將輿論的焦點專注在《多元神話》對性侵犯議題的看法，並藉此引導大眾關注川普和提爾的關連性；但是矽谷也必須檢討，必須付出一些努力來扭轉這個局勢。因為過去這幾年，不少知名的矽谷新創公司，諸如軟體原始碼代管服務平台 Github、企業人資服務新創公司 Zenefits 以及 Uber 等，性侵犯醜聞不時登上媒體版面；Github 和 Zenefits

的共同創辦人甚至還因此離開公司。公司承諾會改善，但受害的女性員工認為，員工必須要達成基本協議。大衛‧薩克斯在 Zenefits 擔任臨時執行長時，更是疲於處理層出不窮的醜聞。

Uber 的離職員工蘇珊‧福勒（Susan Fowler）將她 2017 年初在 Uber 的遭遇訴諸大眾。她要求 Uber 承諾，將針對騷擾、歧視、報復和其他非法行為，「採取道德、法律、負責任和透明的行動」。蘇珊‧福勒的挺身而出，迫使前雇主 Uber 祭出懲處。2017 年 6 月初，Uber 內部針對性騷擾和其他在工作場所的不當行為完成調查後，解僱了超過 20 名員工。

史丹佛大學在這方面的措施更積極了，2017 年初上任的史丹佛大學行政總監波希絲‧德勒爾（Persis Drell）教授，首度於同年 6 月初針對「Student Title IX Process」計畫提出進度報告。這項由史丹佛大學推動的計畫，主要是舉辦有學生涉及性騷擾、跟蹤、關係暴力和性暴力等案件的聽證會。史丹佛大學預計自 2018 年起，每年提供一份計畫進度年報。2015 年的校園問卷結果顯示，約有 40% 的低年級女學生曾經歷過不同形式的性暴力。德勒爾表示，目前尚有 36 件正在進行內部調查的案子。

很多人認為，這種醜聞在矽谷不足為奇。正如天使投資人喬安妮‧威爾森（Joanne Wilson）所說：「我想，這種事在這裡早已屢見不鮮。」這可能是因為整個競爭環境、成長文化以及新創企業急於爭取曝光機會使然，而這些新創企業的主事者大多是涉世未深的年輕人。他們想要改變世界，卻失去對基本

原則的堅持，甚至失去對法律和道德界線的理解。矽谷是非常
特殊的地方，但如果它經不起這些挑戰，那它就不是矽谷了。
這些新創企業和創辦人如何面對這個議題，讓我們拭目以待。
或許不久的未來，就有人針對全球網絡和社交媒體時代下的多
元化和多文化主義議題出書提出高見，爲美好的科技未來發
聲，建立藍圖。

5

通往成功之鑰：
逆向思考

/ / / / /

彼得・提爾是「一個逆向思考者」，
而逆向思考者「通常都是錯誤的」。
——傑夫・貝佐斯談及彼得・提爾

所有問題的問題：一個攸關百萬美元的問題

　　彼得・提爾喜歡問問題，無怪乎他的書《從 0 到 1》第一章也是從一個問題開始。但那並不是個普通問題，而是他最在乎的：「有什麼是你跟其他人有不同看法，但是你覺得很重要的事實？」原則上，他也會對求職者提出這個問題，即使是頂尖的應徵者，這個問題也是對智力的考驗。為了找到具有說服力又能讓自己堅信不移的答案，不少人煞費苦心。或許在這個過度追求共識的社會裡，我們太過於追隨主流，反而找不到能讓我們堅信不移的答案。

　　有遠見者有自己堅持的信念，他們能看見還不存在的事物、能在問題成形前就提出解決方案。歐洲人雖然常說「問

題」，但並非將問題視爲挑戰。在談到所有問題的問題時，我們總不禁想到賈伯斯，因爲他是個偉大的信念實踐者。他同時創造了三個風靡全球的創新產品，徹底顛覆了所屬產業的原有生態：麥金塔電腦翻轉了電腦工業，讓個人電腦成爲辦公室和住家不可或缺的電子裝置；iPod 和 iTunes 徹底改變了人們消費音樂的方式；iPhone 則結合了電腦和電話的功能性，同時變成多媒體播放裝置，因而晉升爲 21 世紀的終極電子裝置。

對於 iPhone 的傳奇問世，彼得‧提爾認爲，一個人如果能在其職業生涯中創造一項成功且能帶來永續性影響的產品，那他就應該感到自豪；而蘋果和賈伯斯從 1984 年（麥金塔電腦問世）到 2007 年（iPhone 問世）這 23 年間，甚至發明了三種成功產品 —— 儘管在這期間賈伯斯有 12 年不在蘋果，而是主要專注於他自己的公司 Next 和皮克斯動畫的事務。皮克斯動畫工作室後來被迪士尼以高價收購，並逐漸成爲迪士尼集團不可或缺的金雞母。除了賈伯斯，沒有人想像得到動畫電影竟然可以用這麼高規格的技術製作，甚至能席捲國際，成爲票房的大熱門。

再加上賈伯斯於 1997 年回歸蘋果後極其成功的「不同凡想」（Think different）廣告口號助攻，他成功地將蘋果定位爲「不被框架束縛、另類思考、不屈服於規則的叛逆者、理想主義者、有遠見者、綜觀思想家」的產品。

這個問題也是一種說明職務的方式，適用於形容彼得‧提爾，也與他的人生座右銘不謀而合。提爾身爲 PayPal 的創

辦人，他希望建立一種不受國家和政府干預的全新貨幣。他深信，金錢理所當然也可以透過電子郵件傳送，特別是在股市一片慘澹以及外在環境對科技企業特別不利的氛圍之下，他竭盡所能要將他的知識優勢轉化爲用戶數量和收益，讓 PayPal 成爲第一家在 911 之後上市的公司。但提爾也相信臉書創辦人馬克·祖克柏，他是臉書第一位外部投資人，當年他在祖克柏的新創公司投資了 50 萬美元。有鑑於 911 事件以及恐攻事件頻仍，他成立了進行大數據分析的 Palantir 公司，專門處理全球的棘手問題，利用數位化分析方法讓罪犯和恐怖分子無所遁形。PayPal、臉書和 Palantir 的總市值大約高達 5,000 億美元，這三家企業之所以能夠問世都源自於提爾的這個問題，沒有提爾最愛的這個問題，根本不會有這三家公司，或至少無法成就如今的規模。

我們經常陷入「我本來也可以這樣的」或「當初爲什麼不投資 XX 股票呢？」的懊悔之中。回顧很簡單，那會讓今日的成功有跡可尋。但很顯然，過去無法挽回，未來則充滿不確定性和挑戰。

因此，提爾將「未來視爲任務」，且「未來之所以令人雀躍，正因爲它尚未發生，且未來的世界將與現在大不同」。也因此，未來需要有遠見、有智慧的人，他們堅持相信新知、不確定性且努力不懈會創造成功的現實未來。

身爲企業家和風險投資家，提爾將他對個人的提問轉移到企業本身。他會思考：「是否爲市場上尚未存在，但具備偉大

前景的公司？」

　　當他得到滿意的答案後，才會決定投資。對提爾而言，每一家「幸福」企業都是「與眾不同的」。《華爾街日報》爲提爾的這番話下了一個簡潔又貼切的標題：「競爭是留給失敗者的」。

把握別人沒看到的機會：樂觀與逆向思考

　　《財富》雜誌於 2014 年 9 月刊登了〈彼得‧提爾和你想的不一樣〉（Peter Thiel Disagrees With You），且該雜誌當期就以全黑背景、身著緊身皮夾克的提爾爲封面，文章內容探討他的逆向思考世界。提爾自詡爲逆向思考的知識分子，憑藉著這一個人特色，迄今已獲得巨大的財務成就。亞馬遜創辦人傑夫‧貝佐斯曾於 2016 年 10 月表示，逆向思想者通常都是錯誤的；而提爾事後接受《紐約時報》專訪時，則表示他不贊同貝佐斯的想法。

　　其實提爾的人生過得很順遂，從學校畢業一直到就讀史丹佛大學，他順利、循規蹈矩地完成傳統的教育過程。念書時期，他同時也是一位優秀的西洋棋高手，除了學業和考試以外，他還參加了大大小小的西洋棋比賽。畢業後，他進入曼哈頓一家大型律師事務所工作，開始了勤勞的倉鼠生活。

　　現在，他想給年輕人（他在他們身上看到年輕時的自己）

以下這個建議：「請自問：我爲什麼要做這些事？是因爲我想做？或者我只是在玩面子遊戲？」

　　逆向思考者以及逆向思考投資人究竟有何異於常人之處呢？身爲投資人，若想要取得平均或甚至非凡的成果，就必須採取有別於旣定路線的途徑。巨大的成功反映在持續高比例的回報率上，唯有勇於冒險、敢於挑戰壓倒性共識的人才有可能成爲贏家。金融市場及其所有參與者就像賭場或甚至樂透——儘管提爾顯然不喜歡這樣的形容方式，在道德上也不想將新創企業及其創辦人與員工比擬爲樂透彩券。

　　目前仍在世且最成功的投資人非投資大師華倫·巴菲特莫屬。巴菲特是逆向思考的最佳典範，股市下滑和金融市場恐慌就是他最大的幸福感來源。當大多數股民死盯著螢幕上綠油油的數字，緊張到滿頭大汗時，正是巴菲特大刀闊斧、逢低買入優質股的好時機。巴菲特「在別人貪婪時恐懼，在別人恐懼時貪婪」的逆向操作策略讓他成爲投資傳奇。「我喜歡逢低時買入。」巴菲特坦率地承認。我們都曾看過加油站或超市特價時，人群大排長龍的情景，價格愈低，人潮愈多。有趣的是，同樣的人在股市中的行爲卻完全背道而馳：股價下跌時，股民們紛紛求售，而不是買進。

　　「與眾不同是值得的」，創辦人基金網頁上偌大的幾個字特別吸睛。約有80%的風險投資業不僅無法透過客戶託付給他們的資金賺錢，甚至還賠錢。套句昇陽電腦（Sun Microsystem）共同創辦人暨風險資本投資傳奇維諾德·柯斯拉

（Vinod Khosla）的話：「95% 的風險投資家沒有獲利。」

　　也就是說，在提爾專注的新創企業領域裡，主流方法是行不通的。但什麼是逆向思考模式？如果將逆向思考直接理解為普遍化的相反，那未免把事情看得太簡單了。純粹反應性的行事並不會比從眾行為來得好。畢竟在股市拋售潮時，巴菲特並不會每支股票都買，他口袋裡早已有要在價格低檔時買進的目標名單，那是他經過研究後精挑細選的優質股。

　　然而成功的逆向思考究竟有何特性？創辦人基金的布魯斯‧吉布尼（Bruce Gibney）建議「獨立思考」。但他表示這並非沒有風險，因為獨立思考的人得不到他人的支持或肯定，因此經常會提出「得不到他人附議」的結論。這裡又會出現提爾那個所有問題的問題──「只去做別人也在做的事是不夠的。投資專注於創新和雄心壯志的目標，但又令人心驚膽戰的企業，才是挑戰。」創辦人基金宣言如是說。

　　提爾和巴菲特具備非凡的智慧，能將他們的眾多資料和看法彙整成獨樹一格的思考模式。他們能消除周遭紛亂又分歧的雜音，如同隱身在幽靜的佛寺，從靜謐中形成自己獨立的見解；然後再將他們獨樹一格的見解以堅定和一致性付諸實踐，鉅額投資在他們利用自己所知而精選出來的成果。2009 年，巴菲特於金融危機最高峰時，以超過 260 億美元收購美國最大鐵路公司之一的伯靈頓北聖塔菲公司（Burlington Northern）。沒有人知道美國的經濟衰退會持續多久，以及巴菲特的這項收購何時才能回收。當時那是巴菲特有史以來對一家公司最大的

單筆投資，也等於賭上了美國的經濟。《華爾街日報》當時也以「長期看漲訊號」評論該項收購。

提爾在科技領域的投資成績也毫不遜色，其他科技領域的投資人大多只專注在網際網路和行動應用程式的投資，偶爾來個「幸運小試」。和他們不同的是，提爾採取了截然不同的策略。他的投資標的不局限於特定產業或熱門議題，如大數據或雲端計算。他瞄準研究能永續改變世界之潛在科技的新創企業和新創者。這種策略的風險極高，因為沒有人可以打包票說某項技術是否具備永續性的突破發展潛能，或其出現的時機是否符合大眾胃口，進而保證產品在經濟上的成功以及投資者的荷包獲利。

提爾以 PayPal 和 Palantir 創辦人的身分參與數位世界的企業活動，或是身為臉書第一位外部投資人，以及他大膽投資伊隆‧馬斯克的 SpaceX 航太運輸公司或生物技術公司，在在證明了他的策略是正確的。投資高風險的科技公司，有如在大霧瀰漫的高速公路上高速行駛，面對不確定性，我們需要很大的勇氣和堅定的意志。科技新創企業的發展不是線性的，而是每天都在洗三溫暖，一下子士氣高昂有如置身天堂，一下子彷彿掉入地獄般愁雲慘霧；前一秒還在正軌上，下一秒又變得毫無把握，原本信心滿滿的新創企業頓時面臨生存關頭。SpaceX 經歷三次失敗發射後，第四次嘗試終於成功。PayPal 經過五次的商業模式更迭，終於取得永久性的成功。臉書的成功也不像大家想像的那麼理所當然。在高用戶量數字轉換為獲利之前，祖

克柏和臉書董事會成員雪柔‧桑德伯格都歷經長時間的混沌和不確定性，但他們撐過來了，並成功地讓這台廣告巨獸動了起來。當時 Google 已經是數位廣告市場龍頭，實在難以撼動它在市場上的地位。臉書於 2012 年上市時，還必須在招股說明書上將當時尚未存在的手機行動支付概念列入風險報告中；而今，臉書的絕大部分收入都源自於行動終端裝置。

創業有如實驗。新創企業的創辦人、投資人和員工必須像科學家一樣，不斷對其公司和產品進行實驗性變更，然而，這些變更的結果大多是不可預測的。

提爾對科技新創企業的投資策略和巴菲特投資股票的策略類似，他偏好集中式的投資組合。他與業界盛行的「噴霧和祈禱」（Spray and Pray，分散、小規模地投資，然後祈求老天爺，希望獲得平均值以上的回報）逆向而行，他習慣鉅額投資少數幾個新創企業，因為他的風險投資組合不會超過十家，但每一筆都是鉅額投資，唯有如此，最終才有可能達到像投資臉書那樣的非凡回報率。這個議題我們將在後續章節詳細說明。

「失敗和悲觀可成為一種自我實現的特性。」很多人都太小看自己了，「如果你認為，你找不到任何創新，那麼你甚至連試都不會去試。」提爾是個正向和樂觀思考者，他很希望這個社會能重新回到 50 和 60 年代，那時對未來充滿樂觀，相信人類走在進步的方向。正因為近年來的經濟低迷，科技很有可能再次成為人們心中重要的解決基石。提爾對全球化議題也有不同的見解，他認為科技才是決定未來的關鍵因素，而非

全球化。環境為中國和印度的成長付出了龐大的代價，但是快速成長的新興國家，其工業化程序無法利用工業國家的老舊技術來解決，想想日益增加的碳排放量就能明白箇中道理。如果我們再繼續使用既有方法和程序來進行經濟活動，「將會對我們的環境帶來災難。在這個資源有限的世界裡，沒有新科技的輔助，全球化將無法延續」。提爾會被稱為「事半功倍原則」（Doing more with less）的代言人，不無道理。

新創公司成功的祕密：提爾的十大新創法則

　　提爾的成功和行事風格沒有祕密武器，當然也沒有藍圖。他在《從0到1》的〈自序〉中講得很清楚：「儘管我提到許多創新模式，但這本書並不會提供成功方程式。教授創業的困難之處在於根本就沒有成功方程式，因為每個創新都是全新與獨特的，沒有任何權威專家能開立明確的創新配方。我在那些成功者身上發現最強而有力的共同模式，就是成功者能在意想不到之處發現價值，他們的成功是因為從基本原則思考商業，而不是用成功方程式來思考。」

　　對提爾而言，偉大的企業總有他們引以為豪的「祕密」。以佩吉排名（PageRank）演算法為基礎，評估網頁及其與數位廣告業務連結之重要性的Google，和擁有神祕配方的可口可樂公司，就是DNA中蘊藏著祕密的兩大成功企業。提爾認為一

定「還有很多祕密」有待發掘和解密。他認為新創企業的成功有三大關鍵因素：獨特性、祕密以及在數位化市場上占有壟斷地位。

彼得‧提爾曾在一次專訪中談及他的十大成功新創法則。

1. 你是自己人生的企業家

你可以自行設定人生中的先後順序，你擁有決定如何支配人生的最大自由。

2. 把事情做到最好

新創公司最重要的是要認知科技是全球事業的事實。真正優秀的科技公司就是把事情做得比世界上其他公司還要好很多，創新者必須具備這樣的高度。

3. 確認一起打拚的人能夠融入，並在各方面達到互補

提爾非常重視公司的結構。創辦人和員工必須相互理解，同心協力。因此在投資前，提爾會問創辦人他們是怎麼認識的。「我們兩個都想成為企業家，所以就一起成立了公司。」這樣的答案絕對無法打動提爾，因為他認為，我們總不能和在拉斯維加斯拉霸機旁認識的第一個好人結婚吧！創辦人彼此已相識多年、彼此已經針對創業想法積極交換過意見，且彼此的專業（例如技術和企業管理）能夠互補，這些才是讓他滿意的答案。

4. 追求藍海

建立一個將競爭對手遠遠拋在後頭、沒有人可以與你匹敵的公司。努力讓自己遠離競爭紅海。創辦人必須追求藍海，建立一個與眾不同且與競爭對手有明顯差異性的公司，以擺脫競爭紅海。對於普羅大眾而言，資本主義和競爭是同義詞，但對提爾卻正好相反。

5. 不要當偽企業家

創業是因為找到了解決一般性問題的答案。「你的人生志向是什麼？」提爾認為，像「我想成為企業家」這樣的答案無法帶你達到目標，「我想變有錢」或「我想出名」也是如此。光有這樣的幻象，無法建立一個成功的企業。提爾尋找的是已經看到一個至今沒有任何公司或機構能夠解決的重要問題，而且願意致力於找出解決方案的企業。

6. 事物本質的價值高於地位和聲望

從地位去思考所做的決定無法長久，其價值經不起歲月的考驗。

提爾對此有切身經驗。史丹佛大學畢業後，他在曼哈頓一家律師事務所擔任律師。他後來捫心自問：為什麼自己從不去想為何要選擇這條路？他花了太多時間埋頭處理符合規範和聲望的事，卻空不出時間做自己真正喜歡的事。因此他學會了去看「地位之前的事物本質」。

7. 競爭是把雙面刃

競爭讓你在專注於打敗周圍敵人的同時，忽略了更寶貴、更重要的事物。

提爾少年時是一位優秀的西洋棋高手，因此他對競爭有深刻且獨特的看法。學校、運動、大學學業和後來在曼哈頓擔任律師時的激烈競爭，從來不曾讓他感到開心和滿足。

當他成為企業家和創投家時，他的事業建立在濃厚的友情和堅實的信任之上。他試圖藉由創業和投資盡可能地遠離競爭壓力，專注於發掘獨特的商業模式。2013 年 2 月，他因此獲得科技資訊網站 TechCrunch 的「年度創投家」大獎。

8. 趨勢都是被高估出來的

不要追求最熱門的最新事物，應該致力於找到解決一般問題的可靠方法。

提爾認為，最新的科技趨勢都被高估了，如保健或教育相關軟體，時下流行議題也是，如適用於商業客戶的 SaaS 軟體（Software-as-a-Service，軟體即服務）、大數據和雲端運算等。一旦投資會議上頻繁出現這些字眼，就趕緊溜之大吉吧。提爾把這些 IT 流行語與玩撲克牌時的虛張聲勢劃上等號。「他們用美麗的語言包裝自己，不想讓人知道他們其實就是第四家狗糧公司、第十家太陽能面板公司，或是舊金山第一千家餐廳。」老是用那些熱門詞語裝飾自己的公司，商業理念肯定糟糕透頂。

9. 不要固守在過去

專注在行不通的事物上只會削減自信心。與其花太多時間分析行不通的原因，不如起而繼續前進，改變方向。

在西歐，失敗是致命傷，一旦失敗就無法再重新開始，但加州人的想法完全相反。原則上，加州人認為要從錯誤中得到智慧，所以失敗基本上有助於增進知識。然而，提爾反駁這種說法，他認為失敗對人有害，特別是當一個人竭盡所能、嘔心瀝血地完成一件新事物，最終卻必須承認他無法成功時，這將會對當事人帶來負面的心理打擊。失敗的教訓無法為創業帶來益處。失敗基本上有五個原因：「錯誤的人、錯誤的想法、錯誤的時機、產品沒有壟斷價值，以及產品不對。」

10. 找到自己的成功祕密，切勿從眾

「每個人都試圖從小門走出去，卻沒人發現轉角處還有一個更快速的祕密出口。你應該找到那個祕密出口。」

創業的意義和目的是什麼？創業的貢獻是什麼？提爾對此有個簡單又和諧的成功方程式：「推翻和質疑一切理所當然，從無到有地發明一個公司，才叫『創業』。」

6

百發百中的投資術

/ / / / /

創辦真正有價值的科技公司有三個步驟：

首先，你要尋找、創造或發現新市場；

其次，壟斷該市場；

最後，隨著時間竭盡所能地擴大你在市場上的壟斷地位。

——彼得．提爾

投資風格比較：彼得．提爾 vs. 華倫．巴菲特

　　蘋果的創辦人賈伯斯不僅是一位天才型的前瞻產品策略大師，也是一位魅力型的演說者和主持人。2007 年 1 月，他在蘋果至今最重要的 iPhone 產品發表大會上的演講最令人難忘。他在演講中一開始就說，一個人如果能在其職涯中參與一項革命性的產品，該有多幸運，而蘋果「非常幸運，因為它催生了多項革命性產品」，包括 1984 年的麥金塔電腦、2001 年的 iPod 以及在這場令人讚嘆的發表大會上推出的三項新產品。

　　產品開發成功的關鍵也是投資成功的關鍵，在高風險的新創企業投資領域更是如此，因為這類投資的失敗風險極高，

約 90% 的新創公司戰死沙場。提爾在產品和投資方面都大獲全勝，他以 PayPal 和 Palantir 企業創辦人以及臉書第一位外部投資人角色，同時創下三個市值超過數百億甚至千億美元的公司的成功經驗，展現他在投資和企業家方面無以倫比的才能。PayPal 的現值 520 億美元、Palantir 的 200 億美元以及臉書的 4,100 億美元加總起來，共計有 4,820 億美元；而傳奇投資大師巴菲特的波克夏控股公司，市值則達到 4,100 億美元。以耐性聞名的巴菲特，他的波克夏創立於 1965 年，而提爾於 1998 年創辦的 PayPal 才大約 20 年，這表示新經濟（提爾）打敗舊經濟（巴菲特）嗎？接下來我們細談超級投資人彼得‧提爾的投資風格，並找出他與巴菲特的相似處——他們兩人的共通點甚至比內行人所知道的還多。

集中式投資

想要和提爾一樣成功，「運氣」扮演什麼樣的角色呢？提爾表示，人只要「政策正確，就會得到很多好運」。但也不是一定如此，因為同一個「實驗」（同一個新創公司）做兩次，也不一定都會有同樣的結果。成功的投資人說「不」的頻率必須比說「是」要高。許多新創投資人採取「噴霧和祈禱」原則，不去深入了解該企業和其創辦人，只盲目希望他們所投資的新創公司有朝一日能一飛沖天，提高整體投資組合的回報率。但提爾不然，他認為這樣的投資行為和買樂透沒兩樣，這

是對創辦人和該新創公司的大不敬，對投資方也沒好處。「很小的或然率乘以很大的數值，得出的結果還是很小。」對他來說，這在投資上是羞辱的表現，也代表離不開舒適圈。所以提爾採取集中式投資方法，他的創辦人基金只有五至七個投資標的，相較於其他創投公司是極為集中式的投資組合。同時，這些公司每一家都必須具備能獲得「巨大成功」、晉升為「數十億美元身價」的潛能。對他來說，這才是投資的特性。在《從 0 到 1》中，他形容自己的成功經驗：「臉書是我們 2005 年最成功的投資，該筆投資的收益大於其他所有投資標的的總和。Palantir 排名第二，收益大於臉書以外其他所有投資標的的總和。」

結論

提爾偏好於集中投資少數新創公司，這些公司的創辦人和其商業模式必須得到提爾的認同。

與巴菲特的共通點

巴菲特在投資上也不喜歡多樣性。他如果看好一家公司，就會高額投資該公司。根據巴菲特的說法，好的股票投資組合最好不要超過 10 支股票。他喜歡用「後宮三千」來形容投資超過 20 支或甚至更多支股票，因為你無法深入了解每一支股票——就像你無法了解女人一樣。

能力範圍

只投資你眞正了解以及擅長的領域。這項原則深得巴菲特青睞，提爾也採取類似的原則，甚至範圍更縮小一些。提爾於2011 年接受《史丹佛律師》雜誌訪問時曾表示，在半徑 20 英里的範圍內找到下一個明星科技公司的機會有 50%，請注意他這裡所說的半徑中心點是矽谷或更準確地來說是史丹佛大學。對提爾來說，這又是社群網絡效應的功勞：在矽谷，所有重要參與者彼此緊密互聯，因此能產生極大的動能，提爾將這一點成功應用在其投資上。許多矽谷的創投基金也將投資範圍局限在半徑 100 公里內，以便隨時就近掌握企業和創辦人的動向，且無須浪費不必要的舟車勞頓和時間。

結論

提爾專注在可掌握的投資範圍內，對他來說，矽谷自始至終都是最具創新力的地方。他不建議投資中國等國家，畢竟他對當地的法律框架所知有限。

與巴菲特的共通點

巴菲特所謂的「競爭優勢圈」，就是只專注在他了解的企業和商業模式，因此他避開無從判斷的科技企業。他會將那些在競爭優勢圈之外的投資標的，放入他書桌上標示爲「太難」的置物箱內。但巴菲特的投資半徑比提爾的大上許多，他的投

資焦點主要放在總部設於美國的企業，他最喜歡購買和投資設在他的故鄉內布拉斯加州和奧馬哈的公司。

長期風險思考

對提爾而言，能將世界從 0 帶往 1 的投資基本上就是創造新事物的企業，而依照他的看法，這也正是傳統的風險投資產業不可行的原因。過去這十多年來，許多創投公司血本無歸，一方面誠如創投公司所抱怨，是因爲太少創新，另一方面則是因爲許多投資人討厭風險，因而與眞正的創新失之交臂。他們寧可採取保險的方法，投資另一種拍照 App 或另一款社群網站。但由於這些都是「me too」產品，因此也不可能有太大的收益。提爾不同，他的創辦人基金看好花費數年開發，但一旦成功，價值就翻數倍的企業。

結論
只有眞正的創新才能創造高度成功的投資，但企業創新需要時間，因此在投資標的公司大放異彩前，風險投資人必須要有數年的耐性等待。

與巴菲特的共通點
巴菲特也是眼光長遠的投資人。他喜歡買下家族經營企業的全部股權，因爲他可以承諾老業主，即使產品和回報未保持

在最高水準，他也會永遠保留公司。

逆向投資

提爾不僅自稱為「逆向思考者」，他的行事風格也是如此。他在 2004 年投資臉書就是最好的範例，當時市場正值網路泡沫化，沒有人願意投資 B2C 的網路企業之際。就連 Palantir 基本上也是他先用自己的錢投資的，因為創投投資人不看好 B2B 網路企業，更何況這個企業還是幫政府單位工作的。提爾這兩次逆向投資跌破了風險投資業的眼鏡，臉書以千億美元市值晉升全球十大最有價值的企業之一，而 Palantir 則以 200 億美元的價值成為矽谷前三大最有價值的未上市公司。

結論

逆勢投資、看見重要創新的潛能以及慧眼識時機，才能創造翻倍利潤。提爾喜歡說，我們應該找到藏在角落、不起眼又無人要走的門，打開門，勇敢走進去。門庭若市的地方，最好敬而遠之。

與巴菲特的共通點

「在別人恐懼時買進，在別人貪婪時賣出」，這是巴菲特操作股票的不二法門。其實很簡單，但大多數投資人的做法都正好相反 —— 買在最高點，賣在恐懼時的最低點。當市場崩潰

時，才是巴菲特大試身手的最佳時機，就像上一次發生在 2008
年的金融危機。

避開趨勢議題

　　新創企業和風險投資領域充滿各式各樣的流行術語，
如「破壞性的」（disruptive）、「價值主張」（value
proposition）或「典範轉移」（paradigm shift）等。提爾喜歡
用「撲克牌中的破綻」（Poker tell）來比喻這些流行術語──
玩撲克牌時，玩家的行爲風格變化可能透露他的底牌，經驗老
到的玩家喜歡利用這一點來虛張聲勢。因此提爾認爲這是一種
辨識指標，代表有人在唬弄他，只是虛有其表。如果有人不時
賣弄這些流行術語，提爾會視之爲警訊，這表示在進行相同或
類似議題的人已經多如牛毛了。

結論

　　「大數據」和「雲端運算」等名詞對提爾來說皆屬流行術
語。他不喜歡人家問他未來的「趨勢」問題，因爲他不認爲自
己是「先知」，且趨勢總是被高估。如果有人滿口「大數據」
和「雲端運算」等，提爾的建議是，盡快溜之大吉。聰明的投
資人會盡量遠離主流，心中自有羅盤。

與巴菲特的共通點

巴菲特也不喜歡流行性議題。他堅守他的投資原則，只投資被低估且其商業模式他也了解的企業。2000 年正值網路泡沫最高點時，分析師和媒體紛紛唱衰巴菲特，說他的「價值」投資方法已經落伍，甚至連投資雜誌 *Barrons* 在世紀更迭之際，還以斗大的頭條「巴菲特，你怎麼了？」打臉巴菲特，巴菲特也很沉得住氣，挺過了這些壓力。

財務獨立

將 PayPal 出售給 eBay 後，提爾成了千萬富翁。對提爾而言，金錢代表更多自由，他隨後將出售 PayPal 所得的資金投入他的公司以及投資臉書和 Palantir 等公司，讓他得以從千萬富翁變成億萬富翁。

結論

提爾在重返矽谷後成立了對沖基金，發現了自己對投資的熱愛。在 PayPal 擔任執行長的時間讓他取得了未來專注於投資的必要財務資源，投資是他的最愛，也是他最能充分發揮自身價值之處。

與巴菲特的共通點

巴菲特取得財務獨立的方式有點複雜，也比較吃力。他 14

歲時開始送報，總計發送超過 50 萬份報紙。巴菲特非常節儉，他把攢下來的每一分錢都用來投資股票。在紐約完成大學學業以及結束在他老師班傑明・葛拉漢（Benjamin Graham）的公司工作後，他在 25 歲左右回到故鄉奧馬哈。他已經累積了足以讓他退休的金錢。對他來說，財務獨立就是他超過 60 年成功歷史的基礎。

深厚的友誼

深厚的友情是提爾最大的寶藏，無論是在 PayPal、Palantir 以及他自己的投資公司，都是提爾與在史丹佛大學念書時期的朋友一起合作的。其中最令人印象深刻的就屬他與 LinkedIn 創辦人里德・霍夫曼以及 Palantir 共同創辦人亞歷山大・卡普將近 30 年的友誼。

結論

深厚的友誼是提爾成功的基礎。在冷漠的職場上，友誼通常被視為不恰當的，且在嚴格的公司治理規範中常被詮釋為負面的「派系」代名詞。提爾擁有財務獨立性和獨特的商業模式，因此免於被冠上這種機會主義者的臭名。而正因為有志同道合的夥伴在旁支持，才能造就他今日的飛黃騰達，例如 PayPal 草創時期的馬克斯・列夫琴，以及 Palantir 的亞歷山大・卡普。

與巴菲特的共通點

深厚的友誼也是巴菲特事業成功的核心。巴菲特的辦公室牆壁上掛的不是他母校哥倫比亞大學的畢業證書,而是卡內基訓練結業證書。卡內基的暢銷書《如何贏取友誼與影響他人》至今銷量依舊不減。巴菲特確實身體力行卡內基原則,特別是他與事業夥伴查理‧蒙格之間的友情。沒有他,巴菲特不可能達到今天的成功地位。他與也是波克夏董事會成員的比爾‧蓋茲之間的友情不僅超過了 25 年,基本上也是巴菲特將其全部財產捐贈給蓋茲基金會的原因。

從 0 到 1 的大躍進:科技發展的歷程

提爾在史丹佛大學的創業講座上剖析了科技發展的歷程,並探究每一段發展的歷史因素。從 17 世紀末期蒸氣機的發明開始一直到 20 世紀 60 年代末,科技突飛猛進。提爾認為,人們對未來突破性科技成就的樂觀態度在 20 世紀 60 年代後期達到最高峰,美國中產階級的收入情況最能反映這一點。他們的平均收入從 1973 年開始停滯,提爾說道,許多人陷入倉鼠轉輪般的忙碌生活,因為工作量愈來愈多,但收入卻沒有增加,能維持現狀就已經不錯了。提爾認為低工資增長率與科技停滯不前有直接的關連。並非所有人都認同他的想法,然而美國勞工統計局的數據顯示,高於平均的收入增加與教育和科技應用

方面的進步有直接關係，特別是擁有堅強的金融和科技群聚的美國東西岸以及頁岩油產業蓬勃發展的德州。

在類比世界，即「原子」世界，處於科技幾近停滯狀態之際，電腦產業是 60 年代以來唯一迅速發展的產業。

英特爾公司共同創辦人高登・摩爾在 1965 年提出的摩爾定律至今仍然管用，智慧型手機、平板和電腦的核心微處理器上的計算效能每 24 個月就會提升 2 倍。摩爾定律不僅已經舉世聞名，同時也說明了電腦和軟體工業一直以來能一枝獨秀的原因。因此，提爾認為電腦產業是其他產業升級的一大助力。伊隆・馬斯克就是藉助於電腦和軟體產業讓汽車和航太等產業蛻變升級、刺激創新，並因此在美國當地創造更多工作機會。

對許多人來說，進步就是「全球化」和「科技」，但提爾將這兩個名詞歸類為座標系統：全球化是一種水準的進步，只具備簡單的「複製和貼上」功能。像中國這類的國家，以美國和歐洲為目標，只是直接套用現有技術，但這對已開發國家毫無益處。

「垂直進步可縱括在『科技』概念中，由於資訊科技迅速發展，矽谷成為全球科技重鎮。但全世界的進步沒有理由只限於電腦產業。」

真正的科技進步是從 0 到 1 的大躍進，但巨大的挑戰也會隨之而來。因此對許多人而言，提升科技，讓它能從 1 到 n，顯然簡單多了。勇於透過創業從 0 躍進到 1 的創辦人或發明者，無可避免地總不時會被問及自己究竟「正常」或「瘋

了」。PayPal 和臉書成功了，但下一個成功的企業可能不是支付業者或社群網路。真正的科技進步發生在極限區域，是一種極限經驗，因此也不會有商學院所歸納的成功藍圖或方法。

「當眾人都認為沒有泡沫時，泡沫才會形成」

必須了解歷史，才能展望未來。歷史總是一而再發生，但每一次的模式可能都不一樣。提爾和 PayPal 在最前線歷經過 1998 到 2002 年間的大衰退，雖然他成功帶領 PayPal 挺過 2001 年 911 事件為資本市場帶來的暴風雨和 2001 年的赤字虧損，並於 2002 年初成為 911 事件後第一家在那斯達克掛牌上市的科技公司，但媒體沒有任何欣喜的賀詞，反之，所有與科技領域相關的媒體一面倒地只有「幸災樂禍」。例如《華爾街日報》身為領先的股市媒體，擁有卓越的專業權威，且一向不以誹謗報導聞名，對於 PayPal 的掛牌上市卻發表了以下評論：

成立才 3 年、到目前尚未賺錢、極可能會再虧損 2.5 億美元，且他們不久前的招股說明書上還提醒投資人，他們的服務可能會被用在洗錢和詐欺的公司，你會怎麼做？PayPal 總經理或金主當然想讓公司上市，正好用 8,000 萬美元的報價來測試投資人的接受度極限和金融市場是不是這麼容易買帳。但事與願違，美國人對 PayPal 並沒有那麼趨之若鶩。

此時距離網路熱潮最高點，《華爾街日報》給 PayPal 新創公司高達 5 億美元市值評價的 2000 年初，也才不過 20 個月。

經歷過 2001 到 2004 年間網路泡沫風暴的產業知情人士，喜歡用「經濟核冬天」（Nuclear Winter）來形容這段時期的慘狀，一切彷彿回歸原點或甚至更落後。

那些一路上以銳利的眼神和懷疑的態度，觀察這整個因科技進步而高漲的投資熱情以及對創新產品趨之若鶩的人，又開始自鳴得意了起來。於是突然間，投資人的焦點再度集中在擁有穩健利潤的優質企業。堅持不碰科技股的投資人，例如巴菲特，再度成為風雲人物。全球化成為新的流行語，有形的產品再度成為熱門投資標的。於是 2008 年房市泡沫化來到最高點，投資銀行雷曼兄弟破產。但提爾強調，2000 年 3 月不僅是「瘋狂的頂顛」，「在許多方面也是原形畢露的最高點」。

矽谷也在「幸災樂禍的新世界」中學到了教訓，他們過去不重視高瞻遠矚的願景和快速的進步，只局限在少數風險高且資本密集的漸增式商業模式。新創公司必須「精實」，應該反覆測試和實驗，找出市場的需求，廣告支出不再必要，能讓使用者與電腦互動的應用程式才是王道，Google 的搜尋引擎就是最典型的代表。結論是，如提爾所說的，不談未來也是一種好策略，因為會被視為「特殊」和「瘋狂」。

提爾認為，當眾人都認為沒有泡沫時，泡沫才會形成，錯誤的方法也是如此。提爾在課堂上建議學生「逆向思考」：「你必須為你自己思考。『什麼是有價值的？』這個問題比去爭論

有無泡沫，來得更有意義。探索價值的問題，能引導你找到更好的答案，因為這個問題更具體：X 公司有價值嗎？為什麼？如何得知？這才是我們必須提出的問題。」我們將在下一段詳細分析彼得‧提爾的重要投資原則。

精準投資的祕密與原則

偉大的科技公司

哪些非凡公司能得到彼得‧提爾的投資青睞呢？首先必須回答從 0 到 1 過程中的三個基本問題：

- 什麼是有價值的？
- 我能做什麼？
- 有什麼是別人還沒做的？

提爾認為，大多數人會忽略一個更重要的問題：獨特性的重要。提爾把它轉換成一個更易於理解的問題，也是他會對應徵者提出的必問問題：「有什麼是你跟其他人有不同看法，但是你覺得很重要的事實？」

如果移到商業領域上，那這個關鍵問題就是：「哪些有價值的公司還沒被注意到？」

三階段法

根據提爾的理論，偉大的企業有三項共通點：

· 創造價值；
· 深耕市場，有市場需求；
· 能將其創造的一部分附加價值與自身結合。

符合上述要求的企業必須長年深耕市場，成為經濟體系重要的一部分。提爾認為 80 年代的硬碟產業就是很好的反向範例。硬碟產業不斷提升硬碟品質，創造了許多附加價值，但當時沒有任何硬碟大廠能創造自身的價值以及結合價值為自身所用，於是最終從市場徹底消失。價值消失的另一個典型範例是航太工業，航空業的規模動輒數萬名員工，藉由提供運輸服務創造高附加價值。但由於競爭激烈，相關企業無法持續獲得和累積收益，航空業務最終變成了巨大的燒錢機器。

評估

最常見的評估方法就是本益比，其代表每張股票市值（上市公司的股價）與每股收益的比例。本益比愈低就表示該公司的收益相對被低估，因此比較便宜。反之，本益比愈高則表示該公司股票比較貴。本益比評估的缺點是未能考慮公司的增長率，因為公司低成長或甚至銷售額萎縮時，本益比大多也在低

檔，而急速成長的企業其本益比通常比較高。

　　因此評估公司時若要考量到成長率，就要看收益率（Price-Earning to Growth-Ratio, PEG），即計算本益比對比收益成長的比例。由於從收益率可評估股票的成長價值，因此其英文縮寫 PEG 的使用非常普遍，對提爾來說，PEG 也是評估成長型企業很好的指標。有遠見的投資人可以透過這個簡單的公式快速評估某家公司的股票是便宜或昂貴。數值低於 1 表示，該公司的價值被低估，大於 1 則是該企業被高估。提爾建議投資人可以多注意 PEG 低於 1 的公司股票。

　　評估的缺點是分析報告通常是在特定時間做的，如果要查看公司的現金流，就不能只看當年度的分析資料，必須將目前和未來的收益加總起來，才能得到該公司的收益值。但是也必須考量到，目前的收益評估必須高於未來的收益，因此未來的收益必須降低，也就是所謂的收益貼現。

　　提爾認為，成長型企業的成長率應高於貼現率，唯有如此，成長型企業所創造的附加價值，才會被評估為高價值。成長率會隨著時間趨於平穩，否則公司價值就會無止盡向上攀升。亞馬遜就是這樣的公司，即使銷售額達到千億美元以上的規模，但其成長率仍以高於平均以上的幅度增長，其股價也一直飆高。提爾非常看好亞馬遜，但他認為許多科技公司會先提列虧損，因此在公司初期幾年間其成長率高於貼現率，但其真正的企業價值要到很久以後的未來才會出現。三分之二的企業價值通常會在第 10 至第 15 年之間才會形成。因此，善於長期

圖表6-1　未來的企業價值

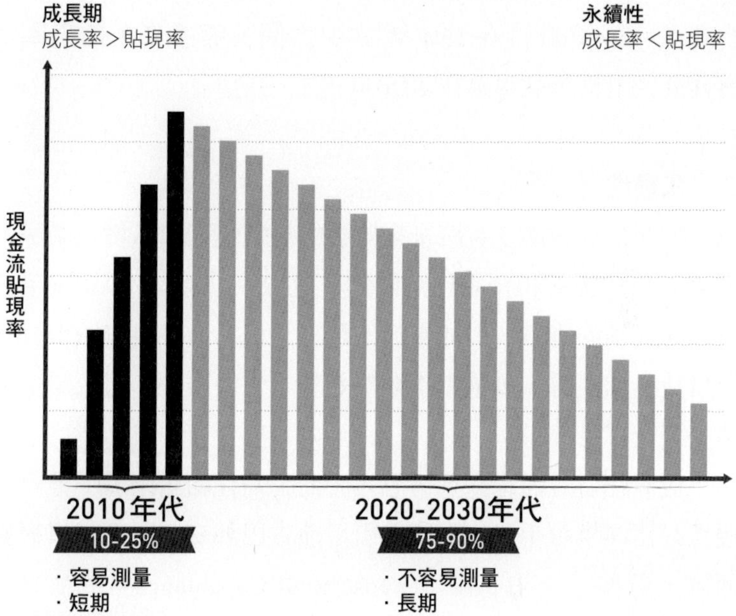

成長期
成長率＞貼現率

永續性
成長率＜貼現率

現金流貼現率

2010 年代
10-25%

·容易測量
·短期

2020-2030年代
75-90%

·不容易測量
·長期

資料來源：提爾，2014 年

投資策略的提爾總愛說道，許多投資人的眼光都太短視了，創投領域也是如此。

　　但提爾當然也不是只重視理論派的金融數學，他經歷過PayPal 時期，擁有切身經驗。他曾在史丹佛大學的創業課程上提及，PayPal 的成長率在創業 27 個月後達到 100%，很明確的是，成長率不會永遠維持在這樣的高點。2001 年，提爾預

估 PayPal 的最高價值會在 2011 年左右出現。然而即使像提爾這麼優秀的數學家也可能出錯，因為他看得太保守了，PayPal 的成長率一直維持在 15% 至 20% 之間，遠遠高於貼現率，PayPal 的最高價值應會在 2020 年左右出現。

永續性

時間是公司真正實踐未來收益的決定性因素。換句話說，事業的長期經營和穩定性是關鍵。就像 F1 賽車，即使車手擁有速度最快的跑車，但如果無法跑完全程，最終也無法得分。對科技企業而言，高成長率雖然是基本先決條件，但企業要賺錢，還是需要時間。

提爾在這方面也採逆向思考，而且是從結論來看。他身為優秀的西洋棋選手，也很喜歡引用前古巴外交官暨西洋棋冠軍何塞・勞爾・卡帕布蘭卡（José Raúl Capablanca）的名言：「在學會其他事物之前，必須先學會決賽。」這是卡帕布蘭卡的成功祕訣。大多數人總認為，必須先搶占市場，成為「先進者」，才能致勝；提爾卻認為成為採收成熟果實的「後動者」更重要。臉書並不是市場上第一個社群網站，里德・霍夫曼於 1997 年創辦的 SocialNet.com，比祖克柏早了幾年；但祖克柏在對的時間點創辦了臉書，最終獲得成功。提爾因此嚴厲批評分析師——當然也包括矽谷大多數投資人，往往只注意成長率，而忽略了長期性。

提爾認為，Airbnb、推特和臉書等網路平台的現金流量將

圖表6-2　**標準普爾500指數（S&P 500）的企業在指數內的平均年限**

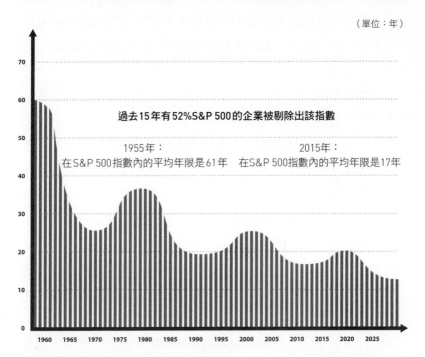

（單位：年）

過去15年有52%S&P 500的企業被剔除出該指數

1955年：
在S&P 500指數內的平均年限是61年

2015年：
在S&P 500指數內的平均年限是17年

說明：每個數據點代表指數內平均年限每7年的變化
資料來源：CB INSIGHTS, 2016

於 2024 年以後達到企業價值的 75-85%。

　　企業世界的達爾文主義非常殘酷無情，尤其股票上市公司更是如此。數據提供業者 CB Insights 最近指出，過去 15 年有52% 的標準普爾 500 指數企業被剔除出該指數，原因之一是缺乏創新。1955 年時，標準普爾股市指數的公司在指數內平均可

以存活 61 年，到了 2015 年，平均壽命只剩下 17 年。

　　基準點是供給和需求的經濟基本原則，如果在這個框架條件下分析商業模式，就能看到兩個極端：完美競爭或壟斷。

累積價值

　　在完全競爭的環境中，任何人都無法盈利，因為開始要盈利時，就會有新公司進入市場，分食收益；但壟斷事業就不同了，壟斷者擁有市場。所以提爾不解的是：為什麼經濟學家總是將完全競爭設定為標準設置，並在這方面著墨甚多？經濟學家認為壟斷僅是競爭中的一個小例外，但提爾不這麼認為，他理所當然會質疑為何壟斷不是一個獨立的模式。他以科技公司為例，在全球最有價值的六家企業中，有五家是科技公司：蘋果、Alphabet、微軟、臉書和亞馬遜，共通點是都擁有壟斷地位──蘋果是全球領先的智慧型手機製造商，Alphabet 具備領先的搜尋引擎，微軟擁有領先的作業系統，臉書則是領先的社群網站，亞馬遜則為領先的 eCommerce 平台；這五家公司合計市值高達約 2.4 兆歐元，累積的持有現金也堪稱無敵──蘋果（2,500 億美元）、Alphabet（850 億美元）和微軟（1,150 億美元）合計有 4,500 億美元，且金額每天都在持續增加。唯一能夠媲美菁英科技俱樂部的公司就只有巴菲特的波克夏控股公司了。巴菲特不是最早建議我們投資可口可樂等龍頭企業，才能成功投資致富嗎？

　　提爾的資本累積公式只有兩個變數：「一個公司創造 X 美

元的價值，再結合 Y% 的 X。X 和 Y 就是兩個獨立的變數。」

主導市場必須具備的特性：是壟斷還是競爭？

　　提爾認爲壟斷結構有其優缺點。缺點是相較於競爭密集產業的企業，壟斷企業的產量少，要價較高。此外，壟斷者擁有定價權力，巴菲特也這麼認爲，但也因此壟斷企業常被抨擊創新不足。不過提爾抱持相反的看法。如果一家公司生產的產品明顯比競爭對手來得好，那它當然有權享有較高的價格。提爾認爲這個價差就是附加利潤，也就是創新的一種獎勵。此外，擁有穩定收入的公司，能夠進行較好的長期計畫以及善用專案融資等財務工具。

　　過去這幾年，歐美的反壟斷執法機構也不是省油的燈。從領先市場的 AT&T 電信公司分出多家小貝爾公司（Baby Bells）或爲阻止微軟取得作業系統和標準軟體的市場主導地位而與微軟纏訟多年的官司，就能窺知一二。微軟爲什麼在 2000 年初未能繼蘋果和 Google 之後，開啓其智慧型手機的時代呢？原因就是反壟斷執法機構的糾纏。

　　近來，蘋果和 Alphabet 的市值已經超越微軟，其中一個重要原因在於，蘋果和 Alphabet 都在其市場上占有壟斷地位。雖然蘋果的市占率只有 12%，但利潤高達 103.6%。爲什麼可以超過 100%？因爲 Android 手機雖然市占高達 88%，但有部分

圖表6-3　**Google搜尋引擎在桌上型裝置的市占率**

其他：1.32%
EXCITE全球：0.01%
AOL全球：0.04%
ASK全球：0.16%
YAHOO全球：5.6%
BING：7.31%
百度：8.13%

GOOGLE全球：77.43%

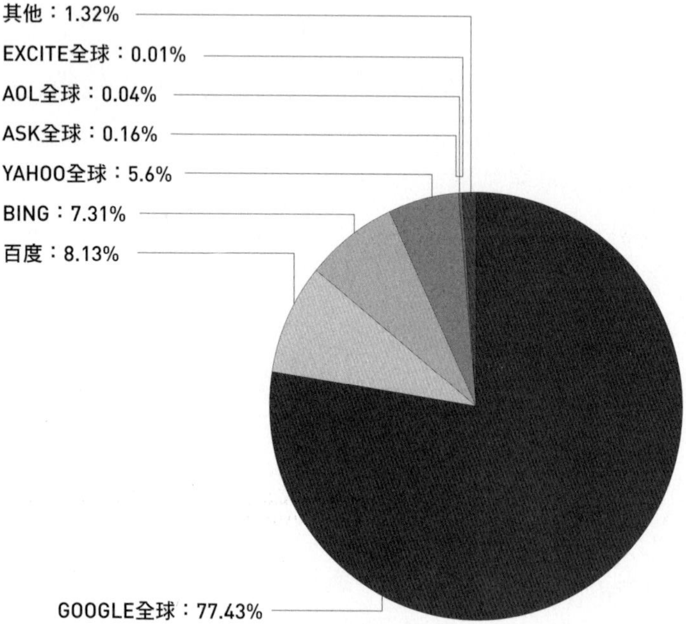

資料來源：NETMARKETSHARE, 2017

Android 手機的製造商甚至還虧損。

　　Google 也是如此，Google 獨霸網路搜尋領域以及與之密不可分的廣告市場。Google 在桌上型裝置的市占率達 77%，行動裝置甚至高達 96%。

　　美國司法部透過幾種公式判定是否有壟斷情形。將某一

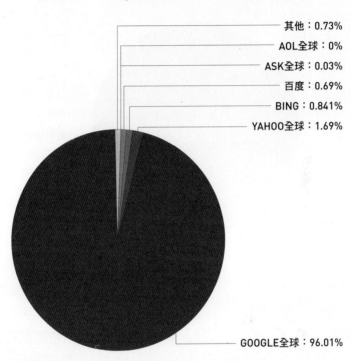

圖表6-4　　Google搜尋引擎在行動裝置的市占率

其他：0.73%
AOL全球：0%
ASK全球：0.03%
百度：0.69%
BING：0.841%
YAHOO全球：1.69%

GOOGLE全球：96.01%

資料來源：NETMARKETSHARE, 2017

產業的前四大或前八大公司的市占率加總起來，總值若超過70%，表示該市場爲集中型市場。Google 的例子就是如此。

　　但 Alphabet 監事會主席暨多年董事會主席艾立克‧史密特（Eric Schmidt）不贊成這種看法，且不認爲其公司與百度、Bing 或 Yahoo 爲直接競爭對手，而是與整個科技市場競爭。

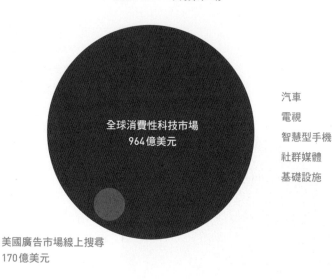

圖表6-5　科技市場

全球消費性科技市場
964億美元

汽車
電視
智慧型手機
社群媒體
基礎設施

美國廣告市場線上搜尋
170億美元

資料來源：提爾，2014年

「網路的競爭非常激烈，每天都有新形式的資訊存取方式出現。」他認為，Alphabet 只是巨大的科技水池中的一條小魚，被飢餓的鯊魚團團包圍著。

　　大家或許會想，Google 之所以會重組改名為 Alphabet 控股公司，只是為了以高速上網或自主駕駛汽車等虧損的「瘋狂計畫」（Moonshot），分散監管機構的注意，掩飾 Google 搜尋占有市場壟斷地位的事實。

　　再加上基礎設施和 App 商店「數碼供應鏈」的主導地位，蘋果或 Google 的 App 商店在市場上的占有率都比微軟的作業

系統高，這兩家供應商都可以決定哪間公司的哪些應用程式可以進入其生態系統。想要阻礙競爭對手很簡單，只要不讓他們的應用程式上架就好了。難怪巴菲特會用「橋梁收費站」來形容具有壟斷地位的公司。如果說蘋果和 Google 的 App 商店不是橋梁收費站，那什麼才是？

收購與創造市場

提爾認為，成功的科技公司的形成有三階段，首先，基本條件是創造或發掘新市場；第二步驟則必須在該市場上取得壟斷地位；最後則是擴大壟斷規模。

首先，重要的是，要找到初始市場的正確規模，不能太小，但也不要太大。市場太小表示沒有足夠的客源。這就是 PayPal 一開始的問題，因為當時提爾和其他共同創辦人試圖以 Palm Pilot 為支付載體。

對提爾而言，每個成功的企業歷史都有一個相同的基本模式：先是找到利基市場，讓自己成為該市場的主導者，然後逐步擴大自己的影響範圍。當公司擴增到一定規模時，便會產生網絡效應和規模優勢，甚至形成品牌。

提爾認為，符合這種成功公式的最佳企業範例就是亞馬遜。這個由傑夫・貝佐斯創辦的 eCommerce 公司一開始是線上書店。這位天才型的行銷大師從第一天開始就稱亞馬遜將會是全世界最大的線上書店。亞馬遜從書店開始，不斷在其平台上開發其他零售產業的歷程，讓提爾印象深刻。就連公司取名為

「Amazon」也選得非常好，它不僅表達了亞馬遜意圖編入世界上每一本書的初始願景，近年來甚至也實現了將每一種可以出貨的產品送到世界上每一個角落的目標。

提爾在史丹佛大學上課時曾問學生：科技始於什麼？這個問題的答案關鍵不在空間，而是在時間。提爾認為，最精采之處就是極限區域，但也不是完全肯定；某個科技領域潛伏多時不見動靜，但可能突然一飛沖天。並非一直被稱為創新領導者的微軟，早在 90 年代初就開始研發手寫電腦和其專屬作業系統；同時間蘋果的手寫辨識 Newton 電腦也慘遭滑鐵盧，民眾對行動手寫電腦的接受度仍不足。一直到 2010 年，賈伯斯推出具備手勢控制的 iPad 行動電腦，造成轟動。時機和對市場的了解一直是最關鍵的問題，但更令人驚訝的是，規則總不時有例外。對提爾而言，伊隆‧馬斯克的 SpaceX 和特斯拉就是名符其實的例外。憑空冒出新的火箭製造商和汽車製造商，而且還大獲成功，許多人認為不可思議。因為要完成單一項的任務就已經很艱鉅，馬斯克竟然能幾乎同時啟動兩項事業，而且至今還經營得有聲有色。

壟斷的特徵

壟斷市場只有少數人知道，通常只有一個或最多兩個供應商，競爭壓力小，因此壟斷公司擁有定價權。品牌產品在舊經濟體制中的定價能力相當於數位化世界的獲利能力。Google 和臉書的廣告行銷就是最佳範例，他們也成功地利用廣告將廣大

的用戶基礎轉換爲白花花的銀子。臉書初期只專注於用戶成長，以期成爲具市場領導地位的社群網站。臉書在 2012 年掛牌上市時還在招股說明書上強調，公司最大的商業風險之一就是尚未成功開發行動廣告管道技術，也不知道這個領域是否能順利獲利。股市先以股價大跌來反應這一點，臉書掛牌後的前 6 個月股價幾乎攔腰折半，但之後一路狂飆。近來臉書的廣告收入大部分來自行動裝置。

巴菲特非常看重具備壟斷地位的企業有沒有「護城河」（moat）的理論。以可口可樂爲例，他用以下這個問題清楚說明：「重建可口可樂要花多少錢？」答案是很難，而且很貴。但一定有人反駁巴菲特，畢竟市場上除了可口可樂以外，還有百事可樂等競爭對手。

數位領域的競爭大多也比較少，例如只有一個具領先地位的智慧型手機製造商（蘋果）、一個領先的搜尋引擎（Google）、一個領先的社群網路（臉書）、一個領先的商業版社群網路（LinkedIn）、一個領先的 eCommerce 賣場（亞馬遜）和一個領先的作業系統供應商（微軟）。相較於實體世界的公司，數位化企業的達爾文主義更強烈。由於會形成網絡效應，因此當數位化企業成爲領先市場的平台時，便會吸引該領域的大多數客戶群聚。能提供最佳和最普及化產品的平台會受到客戶青睞，而客戶會帶來新客戶，於是產生正向螺旋漩渦，進而形成病毒式自我成長，就像提爾時期的 PayPal。「勝者爲王」就是數位化平台商業模式的運作原則，競爭對手毫無空間

或只剩極小空間可以生存。

一個企業想要主導市場，必須具備（或至少部分）以下四個特性：獨特技術、網絡效應、規模經濟形成的成本優勢，以及品牌。

獨特技術

獨特技術是一種類標準化，也就是指該技術在市場上非常普及，因此具有非常強大的地位。例如微軟的桌上型電腦作業系統、蘋果的行動作業系統 iOS 以及 Google 的 Android 系統。

網絡效應

亞馬遜、臉書、LinkedIn 和 PayPal 等成功的數位化平台業者藉由其平台的吸引力贏得愈來愈多的客戶，客戶愈多，平台就更有吸引力，也能不斷推陳出新，這就是網絡的附加價值。通常客戶數自我成長也會形成網絡效應（病毒式成長）。

規模經濟

規模經濟的優勢總是在高固定成本和低邊際成本的情況下發揮作用。提爾認為，數位化世界的最佳範例是亞馬遜，而傳統零售業的最佳範例則是沃爾瑪（Wal-Mart），兩者都是透過附加成長達到額外的效率提升。亞馬遜和沃爾瑪完全發揮規模經濟的作用，達到進一步的成長。這兩家公司都是價格領導者，也具備強大的定價能力，因此亞馬遜能為客戶提供客製化價格。

品牌

根據提爾自己的說法，品牌最難下定義。他認為對客戶而言，品牌是消費者願意付更多錢購買無可替換的產品。提爾以他的學生為例，來說明百事可樂和可口可樂。客戶大多對這兩個品牌有其各自的偏好。這兩家公司的共通點是都有很高的現金流。提爾認為，真正的品牌雖然很難建立，但肯定的是，品牌一旦建立，就等於擁有壟斷地位。

成功案例

哪家公司具備上述所有特性呢？很有趣的是，提爾的結論竟然和巴菲特相同。提爾認為蘋果是目前最大的科技龍頭，其具備全方位且結合硬體和軟體的獨特技術。蘋果擁有完整的價值創造鏈，負責組裝蘋果產品的富士康在中國擁有數萬名員工，發揮規模經濟的效用以及為蘋果提供高度的成本優勢。蘋果產品還具備高度「鎖定效果」，因此擁有忠實的客戶和為蘋果平台開發新的應用程式和軟體的開發工程師。此外，蘋果這個品牌還能讓公司制訂更高的價格──因為有蘋果標誌啊。

同樣有趣的是，在這方面提爾和巴菲特以獨特的方式達成共識。提爾不時強調巴菲特只下保險的賭注，但提爾這次也從巴菲特老前輩身上得到了寶貴的教訓。將近90歲高齡的巴菲特身手仍然敏捷又靈活，他也投資了百億美元購買蘋果股票。2017年5月初，查理‧蒙格在波克夏的股東大會上做了以下的評論：波克夏購買了蘋果的股票，「這是個好兆頭，我們要不

是瘋了，就是學到教訓了」，認識巴菲特超過半世紀之久的蒙格認為巴菲特是學到了教訓，值得大聲喝采一番！

彼得‧提爾的投資分析之一：
4 年內獲利 200 倍的 PayPal

PayPal 有何特殊之處，會讓提爾特別想要投資呢？首先必須回答「從 0 到 1」過程中的三個基本問題：

什麼是有價值的？

提爾非常清楚，電子郵件與匯款的結合具有強大破壞性的爆發力。如前所述，他希望創造一種全世界通用且不受政府控制的貨幣，成為支付領域的微軟、金融應用的作業系統。如果這種貨幣能引起需求熱潮，進而達到商業上的成功，那這也將是一種極高的企業價值。

我能做什麼？

提爾一開始是贊助人角色，但很快地就擔任執行長一職，但由於其本身具備金融知識，得以看到讓 PayPal 大鳴大放的獨特機會。他將所有能力都投入這個企業，從先見之明的企業家遠見卓識、將他在史丹佛大學的人脈全編入 PayPal 的管理階層，還在極具挑戰性的時間內籌募資金。

有什麼是別人還沒做的？

他不僅看到網路支付系統的「機會之窗」，也看到了金融市場不理性的過熱現象。他在最關鍵的時刻成立了 PayPal，並利用新創公司的靈活和快速特性，與 eBay 和 Citibank 等既有參與者在其競爭服務上一決高下。

1998 年他投資 PayPal 約 28 萬美元，2002 年 PayPal 掛牌上市，同年 eBay 收購 PayPal，他獲得 5,500 萬美元的收益。

提爾的投資成本在 4 年內翻轉了 200 倍之多。

三階段法

根據提爾的理論，偉大的企業有三項共通點：第一，創造價值；第二，深耕市場，有市場需求；第三，能將其創造的一部分附加價值與自身結合。現在讓我們以 PayPal 為例來細究每一項共通點。

評估：企業的未來價值

提爾在史丹佛大學授課時，曾向學生說明他在 2001 年計算過 Paypal 這家年輕新創公司的未來價值，PayPal 當時的成長率高達 100%。眾所皆知，成長率會下降，但長時間下來還維持在高於貼現率的水準。根據他當時的計算結果，PayPal 的最高價值應該在 2011 年左右，但他的計算太保守了，PayPal 的成長率仍繼續維持在 15% 或更高，明顯高於貼現率。

　　因此，PayPal 的最大價值貢獻點會繼續往後遞延。2012
年，提爾預測會落在 2020 年左右；但這個預測值也可能會因
該公司持續超於平均以上的成長率而被低估，因爲 PayPal 瞄準
的市場因成功開發其他服務和技術的平台而擴大了。數據提供
業者 E-marketer 和摩根史坦利銀行預估 2015 年的數字顯示，
P2P 支付、P2P 借貸、小型企業借貸和新形式的匯款方式（例
如國外匯款）等新機會，將使 PayPal 的目標市場從 2.5 兆美元
成長到 25 兆美元。

　　PayPal 於 2017 年初的市值超過 500 億美元，比 eBay 於
2002 年收購時的市值增加了 30 倍。PayPal 的資產負債表非常
健全，不僅無負債，直至 2016 年底現金水位還高達 65 億美
元，可用於股票回購和戰略性收購。PayPal 於 2016 年以 104.8
億美元的營業額突破 100 億美元大關，共計 1.97 億用戶創造
了 3,450 億美元規模的支付總金額。近來，其自由現金流入
量還增加超過 30%，甚至高於 19% 的營業額成長率。這代表
PayPal 的「規模經濟」正在發揮作用。

　　2015 年 7 月 PayPal 掛牌上市時，伊隆・馬斯克認爲當
PayPal 的創新領導地位擴展到行動支付領域時，一定會成爲
千億美元企業。與 eBay 拆夥後，PayPal 就能全心專注於擴展
其在網路和行動領域的支付解決方案市場領導地位，把握隨之
而來的機會。

　　此外，許多分析師和投資人都忽略了 PayPal 還有幾個
美麗可人的女兒：PayPal 過去這幾年策略性收購了一家行動

圖表6-6　　**PayPal的企業價值發展變化**

（單位：10億美元〔MRD.〕）

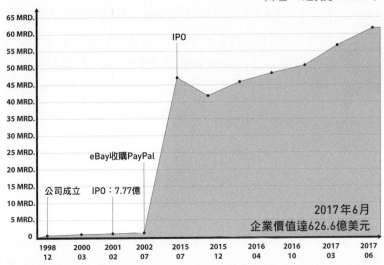

資料來源：CNN, NASDAQ, Yahoo Finance

支付服務業者，進而發展成市場上領先的開放式移動支付平台。所以除了自家的 PayPal 服務以外，還有處理行動商務（M-Commerce）的全方位業者 Braintree 以及可輕鬆匯錢的 Venmo 應用程式和負責國際匯款服務的 Xoom。行動商務的營業額每年以約40％的速度成長，比傳統 E-Commerce 快了3倍。

永續性

PayPal 已經從非常依賴 eBay eCommerce 拍賣客戶的網路

支付服務，發展成全球開放式支付平台。1998 年至今，PayPal 不斷且大量擴增其客戶數、銷售額和利潤。PayPal 光是在美國線上支付程序的市占率就高達超過 75%，在德國和日本的市占率甚至更高，分別為 79% 和 91%，遠遠將 FinTechs Stripe、Square 等競爭對手或 Google 和亞馬遜提供的服務拋在後頭。PayPal 在全球 203 個市場提供 30 種貨幣，2016 年底擁有共計超過 1.97 億個活躍帳戶，光 2016 年處理的支付金額就高達 3,540 億美元。

　　PayPal 的營業額約有 50% 來自美國之外的客戶，成長率還一直維持在 15% 以上的水準。除了用戶數增加以外，由於平台上不時增加新的服務項目，也帶動平台的使用率。此舉也造成每位用戶交易數提升。PayPal 受惠於其作為開放式數位化平台的定位，長久以來，分析師總認為信用卡公司如 Visa 和 Mastercard 是 PayPal 的競爭對手，但 PayPal 聰明地與信用卡公司聯盟，為雙方創造雙贏成果。PayPal 的優勢在於其服務純粹以軟體為基礎，年輕人不想要實體卡片，因此對於 Y 世代和年輕人而言，PayPal 就是最理想的支付工具。

　　但儘管如此，行動裝置的普及化、貨幣數位化、支付方式的多元化、新科技和管道以及網路犯罪和濫用增加等工業化趨勢也對 PayPal 帶來影響。PayPal 必須快速因應調整，並持續降低駭客攻擊和數據濫用等風險。但整體而言，PayPal 占有非常好的起始位置，也擁有獨特的行銷賣點：

圖表6-7　**PayPal在線上支付系統的市占率（各國市占率）**

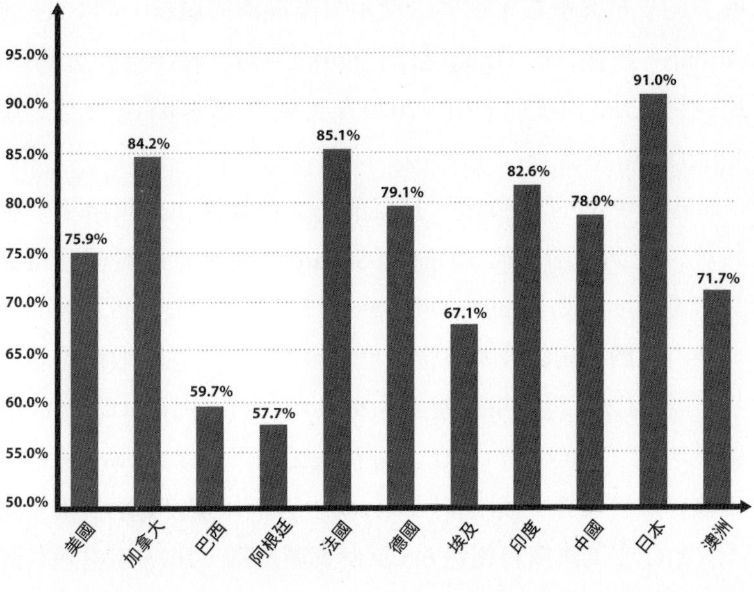

資料來源：www.datanyze.com

- · 最終客戶和經銷商兩端收放自如的開放式網絡平台；
- · 具領先地位且值得信賴的數位錢包服務；
- · 成熟的風險管理；
- · 數據分析；
- · 全球合規和監管專業知識；
- · 全年無休的客戶支援中心。

此外，PayPal 由於收購了 Venmo 應用程式，得以在快速

成長的 P2P 支付程序領域中取得穩定的立足點，其中包括朋友
圈共同支付餐廳帳單或共同使用分享經濟的服務，如 Uber 或
Airbnb。根據 Aite Group 顧問公司的評估，該市場於 2017 年
已達到 1,780 億美元規模，2020 年可望大幅增加將近 2 倍，達
到 3,180 億美元。

　　由於 PayPal 無負債，且目前的業務能產生高現金流，相
較於還在虧損階段的 Stripe 和 Square 等新興金融科技公司更
具有優勢。因此，PayPal 可將其部分資金用於收購新領域的公
司，將收購公司的技術整合在自家金融平台，並將收購的服務
提供給 PayPal 現有用戶使用。2017 年 2 月，PayPal 以 2.33 億
美元收購了 TIO Networks 金融科技公司。TIO Networks 是一
家繳費服務業者，其服務對象為線上客戶以及沒有銀行帳戶的
人。TIO 在美國擁有超過 6.5 萬個實體據點，2016 年處理共計
1,400 萬客戶高達 70 億美元的帳單。從財務指數來看，TIO 也
是 PayPal 的戰利品——該公司擁有可觀的利潤和現金流入。

累積價值

　　乍看之下，PayPal 主要活動的支付處理業務已陷入利潤
微薄的激烈競爭戰場中。但身為市場領導者的 PayPal 由於具
備高度規模化的平台，因此一如既往地仍受惠於強大的網絡
和鎖定效應。PayPal 每一季新增數百萬用戶，此外，每位客
戶的交易量的成長率也達兩位數。最終客戶端的新服務，如
Venmo 以及強化 Uber 或臉書等供應商端 eCommerce 支付業務

圖表6-8　　PayPal自由現金流量

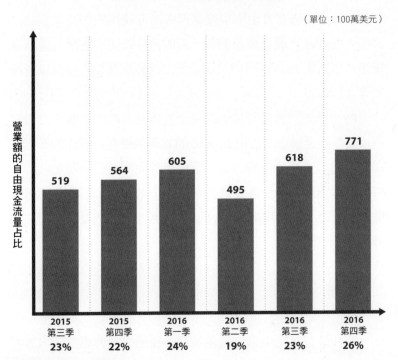

（單位：100萬美元）

資料來源：investor.paypal-corp.com

的 Braintree，更讓交易量大增，進而也帶動成長。PayPal 最成
功處在於不斷增加的現金流。提爾認為這就是價值的累積，巴
菲特和蒙格這兩位投資大師也非常重視這個指數，因為它最能
誠實反應一個企業的業務成功與否。

　　PayPal 在 2016 年度的現金流高達 25 億美元，光 2016 年
第四季就新增 7.71 億美元現金流。現金流多寡當然重要，但

更重要的是增加率。2016 年第四季相較於前一年同期增加了
37%。PayPal 擁有資金密集度低但可高度規模化的商業模式，
因此，PayPal 在擴展商務關係、新的合作聯盟和客戶方面非常
靈活，也因此 PayPal 可將其資金轉而持續開發核心平台以及擴
大策略性聯盟。

　　PayPal 的目標是將增加的現金流用於策略性收購、股票回
購以及作為儲備金。目前 PayPal 的管理階層在這方面的操作非
常得心應手。長遠來看，這一策略應該能夠為股東增加收益，
特別是當資本市場的氛圍轉為熱絡，金融科技新創企業不再那
麼受到投資人的青睞時，PayPal 就能獲得更多待價而沽的出售
機會。

壟斷 vs. 競爭

　　PayPal 肯定是金融科技領域最重要的成功典範之一，雖然
這家公司早於 1998 年成立，當時沒有人知道現今「FinTech」
這個趨勢用語究竟是什麼。行動支付市場的競爭似乎非常激
烈，不僅蘋果和 Google 等業者，Mastercard 和 Visa 信用卡公
司更是該領域重要的領頭羊，連年輕的金融科技新創公司如推
特共同創辦人傑克·多西（Jack Dorsey）成立的已上市 Square
行動支付公司，以及科利森兄弟（Collison Brüder）創辦市值
已超過 90 億美元的新創公司 Stripe，也都在該領域嶄露頭角。
就連區域性的強大業者，如中國 eCommerce 巨擘阿里巴巴的支

付服務業者 AliPay、德國銀行的 Paydirekt，也都爭相和 PayPal
分食這塊市場大餅。但即便如此，PayPal 仍在美國、德國和日
本等工業大國以及中國和印度等新興成長市場中，擁有幾近壟
斷的市場占有率。

　　PayPal 的成功有三大支柱為基礎：由於智慧型手機的普及
化，PayPal 帳戶的核心業務隨著使用手機進行業務和交易而成
長。收購 Braintree 後，PayPal 的觸角得以大幅延伸到經銷商
和 Uber 與 Airbnb 等大型 eCommerce 平台，Braintree 也逐漸
成為 PayPal 在線上經銷商支付業務領域的最有利後盾。PayPal
藉由 Venmo 進入了正在急速成長的 P2P 支付新市場，Venmo
應用程式特別受到年輕人青睞。近年來，PayPal 管理階層成功
將支付服務發展成一個開放式支付平台，其服務範圍涵蓋支付
程序的整個價值創造鏈，從消費者一直到經銷商的業務。

　　沒有其他的競爭對手能像 PayPal，將銀行帳戶以及信用卡
與支付系統結合。因此，PayPal 具有獨特的「鎖定效果」。愈
來愈多客戶，包括消費者和經銷商，都看到了 PayPal 服務的
附加價值，於是平台上的用戶數量和交易金額持續大幅增加。
PayPal 平台也因此逐漸發展成 21 世紀數位商務鏈中不可或
缺的一環。一開始看似競爭對手的 Visa 和 Mastercard 變成了
PayPal 的合作夥伴，達到雙贏成果。PayPal 近來也扮演類似電
源供應商角色的全球基礎設施公司，提供客戶 365 天全年無休
的服務。PayPal 的開發費用重點在於平台擴增，使其至今達高
度規模化以及具備全面性分析機制，以檢測詐欺行為。

大家可能會很好奇 Apple Pay、Samsung Pay 和 Android Pay 等支付服務具有哪些影響力。根據以英國爲據點的 Juniper Research 市場調查公司的資料，Apple Pay 於 2017 年共計整合了 8,600 萬名用戶，相較於 2016 年，增加了將近 2 倍。

收購和創造市場

PayPal 從 1998 年成立以來，以將其事業版圖拓展到全世界爲目標。它一開始先站在拍賣龍頭 eBay 的背上，利用其壟斷地位在 eCommerce 業務領域取得支付服務的領先地位，這個策略奏效了。PayPal 經過數年的國際化，並以其擴增的服務，成功開發了新市場和客戶群。

PayPal 非常受惠於金融服務急遽線上化和行動化的趨勢，傳統銀行低估了 PayPal 過去 10 年大軍壓境的威力。根據經濟學人智庫（Economist Intelligence Unit）針對 200 位銀行決策者的調查顯示，針對至 2020 年對其業務影響最大的因素問題，有 88% 的受訪者表示，其上級機構的資本化是最大影響因素，僅有 2% 認爲 FinTech 等新的競爭對手將對金融產業帶來影響。換句話說，金融產業的決策者太專注於處理主管機關的監管問題，而無暇研究新的金融科技競爭對手和其商業模式的威脅。但這也有可能是因爲他們不想針對金融產業的創新和破壞性等緊迫盯人的困難問題發表意見，所以就拿監管問題當作藉口搪塞。

　　PayPal 本身在美國擁有執行支付交易的許可證，在歐洲也有盧森堡核發的銀行牌照，因此也隸屬於金融產業的監管規範，只是受限程度較輕。行動支付的市場占有率正在形成，PayPal 將竭盡所能擴大其領先的市場地位。而美國和歐洲的銀行也使出渾身解數，力圖採取反制措施。

　　在美國，美國銀行（Bank of America）、美國合眾銀行（U.S. Bankcorp）和富國銀行集團（Wells Fargo）等領先的銀行共同推出「Zelle 支付」，瞄準競爭對手 Venmo。20 家領先的銀行將在其銀行 App 上內建「Send Money with Zelle」功能，美國銀行聯盟希望於 2017 年達到 8,500 萬名用戶。德國的銀行體系也於 2016 年推出 Paydirekt 支付服務，並設下 2017 年底吸引 700 萬用戶的偉大目標。但他們與 PayPal 的規模還相差甚遠：PayPal 在德國擁有將近 1,900 萬個活躍用戶，他們可在德國超過 5 萬個線上商店使用 PayPal 服務，但 Paydirekt 服務目前則只有 730 個線上商店可用。

　　整體而言，我們不能低估全球數位化支付解決方案市場正以爆炸性成長的事實。在中國、印度、非洲等新興國家，正值智慧型手機和應用程式的汰舊換新潮，就像 PayPal 取代銀行帳戶，因此為許多競爭對手保留了成長空間。但 PayPal 強大的市場地位和固定資本化、客戶對品牌的信任以及可高度規模化的開放式支付平台，使 PayPal 成為全球支付業務數位化的最大受益者。

壟斷的特徵

獨特技術

PayPal 具備一個可高度規模化的支付平台，自 1998 年成立以來就不斷在成長，其中還包含評估用戶支付習慣的分析工具。但更重要的是，數位安全機制這麼多年來持續讓 PayPal 精進，得以提早發現或從一開始就杜絕詐欺和洗錢行為。

PayPal 經過這些年，從服務業者發展成一個平台。如今，PayPal 已形成一個支付生態系統，特別是因為其具備受到客戶和開發商青睞的工具和開放式應用程式介面（API），其藉由數位模組化系統無須太多開發成本，即可快速開發出新的支付解決方案，靈活的執行方式愈見重要，因為在社群媒體的推動之下，新的客戶期望層出不窮，而且速度很快，業者必須在短時間內推出合適的產品來滿足客戶期望。

PayPal 為經銷商推出一系列的產品和服務，除了純粹的支付業務以外，還有開放式軟體介面和 eCommerce 工具，讓經銷商能有更好的分析方法，進而提升客戶的購買意願。PayPal 可以滿足客戶在整個實體和數位管道的期望，無論是透過線上、App 或傳統銷售門市等。此外，PayPal 的管理階層近來也成功與 Visa 和 Mastercard 等金融服務業者、Vodafone 等行動服務業者，以及臉書等社群網站，建立策略性的合作關係，不僅延伸其服務範圍的觸角，也為用戶提供在各銷售點上的完美支付體驗。根據 PayPal 所述，2016 年的黑色星期五，創下有史以

來行動購物單日營業額的最高紀錄，光是從感恩節到網路星期
一（美國感恩節過後的第一個星期一），透過 PayPal 完成的支
付總金額就高達 20 億美元。

網絡效應

　　PayPal 拓展成一個全球開放式數位支付平台帶來強大的網
絡效應，2016 年的業務數字非常亮眼。PayPal 擁有超過 1.97
億個活躍帳戶，光 2016 年就新增約 1,800 萬新帳戶，這個新增
數量相當於 PayPal 在德國的總用戶數。同時，每個用戶的交易
量也不斷增加。2016 年，每個用戶的交易數量從 13% 上升到
31%。用戶量持續大幅增加更吸引經銷商對 PayPal 的青睞。近
來，全球已有超過 1,500 萬個經銷商加入 PayPal 網路。而經銷

圖表6-9　**PayPal用戶數上升頻率：每個活躍用戶的支付交易數量**

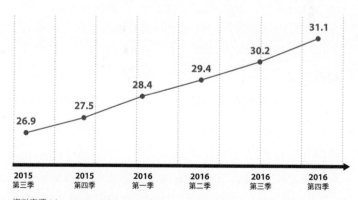

2015
第三季

2015
第四季

2016
第一季

2016
第二季

2016
第三季

2016
第四季

資料來源：investor.paypal-corp.com

商數量增加也讓 PayPal 吸引更多用戶，於是持續形成正向的病毒式螺旋效果，網絡效應也持續表現在高成長率上。

　　爲了讓網絡效應也能持續到未來，PayPal 將目標瞄準行動商務這塊成長市場。Ovum 市場研究公司預估行動支付的用戶基礎，將從 2017 年的 7 億，增加到 2019 的 48 億，屆時全球將有超過一半以上的人口使用行動支付服務。根據 eMarketer 研究機構的評估，單單美國，到了 2019 年就會有 31% 的智慧型手機用戶使用行動支付服務。與 2016 年的 19% 相比，成長幅度非常大。與此同時，行動支付的金額也急遽上升，與 2016 年相比，美國在 2017 年的行動支付總金額增加了 128%，高達 617.5 億美元。

　　PayPal 能有此成長佳績，不僅是透過 PayPal 服務達到最佳定位，還有賴於目前全球成長率超過 100% 的 Venmo，其領先市場的 P2P 支付應用程式。而全新開發、只需要手指一按就能完成支付程序的「OneTouch」功能，也有利打造用戶獨特的使用經驗，使 PayPal 成爲行動支付解決方案的主要受益者之一。

規模經濟

　　PayPal 定義其戰略方向如下：規模化效應的槓桿反應在成長上，而「經濟規模」主要利基於三大支柱策略，即差異化服務、意識和信任。

　　規模化的收益會表現在影響程度、重要性、性能特點以及 PayPal 品牌知名度。無論是在規模化及其所產生的影響程度

上，都顯示出 PayPal 已經是全球領先的金融科技，只要看一下 PayPal 動輒數十億美元起跳的數字就知道了。光是 2016 年，PayPal 就處理了總計 60 億筆支付交易，總支付金額高達 3,540 億美元，其中 1,000 億美元為行動支付總金額；在快速成長的 P2P 領域則有總計高達 640 億美元的交易量。Venmo 應用程式被《時代》雜誌和《財富》雜誌譽為全球最佳應用程式和品牌之一。Venmo 光 2016 年第四季就成長了 126%，支付交易的總金額高達 56 億美元；僅 2016 年 12 月，透過 Venmo 匯款的金額就高達 20 億美元。愈來愈多線上品牌與 PayPal 合作，包括歐洲第二大線上汽車銷售網站 auto.de，以及美國知名家居和家具品牌 Crate and Barrel。

品牌

　　自 1998 年成立以來，PayPal 不僅已經發展成支付業務值得信賴的應用品牌，近來也成為金融業務領域的穩健品牌之一。客戶非常信任 PayPal，即便是對電子貨幣交易非常嚴苛的德國客戶也對 PayPal 信賴有加。許多德國用戶表示，如果 PayPal 有實體銀行，他們很願意將銀行帳戶轉換到 PayPal 銀行。PayPal 的定期用戶問卷調查顯示，PayPal 的用戶滿意度遠高於傳統銀行。這正是 PayPal 持續經營品牌的成果，因為 PayPal 非常重視安全以及客戶數據保護，同時也不遺餘力地簡化使用服務及其便利性。

　　PayPal 也巧妙地應用了多品牌策略。PayPal 是安全支付

的家族品牌，Braintree 則是經銷商大額交易業務最堅強的技術
後盾，適用於 Airbnb 和 Uber 等大規模市場。Venmo 是 PayPal
在最終客戶端急速成長的第二品牌，特別受到年輕 Y 世代用戶
青睞；這個品牌應維持其年輕化和新鮮的特性，與 PayPal 保持
區隔，以開發新的客戶群。從 Venmo 三位數的成長率來看，這
個策略非常成功。PayPal 若能成功讓 Venmo 品牌達到獲利目
標，PayPal 的股票就能增值。未來，PayPal 也可望能在亞洲、
非洲和拉丁美洲等新興的成長市場吸引更多新用戶。畢竟，這
些國家的消費者更偏好以無須銀行帳戶的方式，也就是使用智
慧型手機來處理他們的金融交易。為了讓國際匯款更簡單、更
方便，特別是考量到外籍人士和移民，PayPal 收購了 Zoom 的
平台和品牌，為 PayPal 成長馬達增添超級生力軍。

彼得·提爾的投資分析之二：
投資 50 萬獲利超過 17 億美元的臉書

　　臉書有何特殊之處，會讓提爾特別想要投資呢？首先一樣
回答「從 0 到 1」過程中的三個基本問題：

什麼是有價值的？

　　2004 年，馬克·祖克柏向彼得·提爾介紹他剛創辦的新創
公司時，歷經過 PayPal 執行長一職的提爾，已經訓練出一雙鷹

眼，能識別出病毒式自我成長的數位化企業特徵。此外，提爾
因好友里德‧霍夫曼的緣故，對社群網站的議題也非常熟悉，
提爾甚至說投資臉書這個決策再簡單不過了。他知道，祖克柏
的社群網站一定會急速成長，他只需要增購更多電腦容量的資
本就好。提爾從 PayPal 的創業經驗學習到，當雪球開始滾動的
時候，就會愈滾愈大，愈來愈有價值。

我能做什麼？

提爾同意投資臉書，並希望祖克柏不要遊說他參與公司經
營。但提爾還是擔任臉書的監事會成員多年，且從一開始就是
祖克柏諮詢意見的最佳人選。但提爾身為外部顧問的角色也不
容低估，因為他精通平台和媒體業務，對數位化壟斷機制以及
如何將壟斷優勢轉換為財務成功的了解無人能及。根據祖克柏
的說法，提爾也不時提醒他要全心專注在提高用戶成長和擴增
上。2007 年，金融危機爆發的前一年，提爾為臉書提供了對其
非常重要的財務支援，祖克柏因此非常信任提爾，乃至於在提
爾接下川普行政團隊的顧問一職時，仍堅持捍衛提爾繼續在臉
書擔任監事會成員的職務。

有什麼是別人還沒做的？

在這個案例中，提爾在 2004 年也獨具慧眼，看到了社群
網路的「機會之窗」。當時網路逐漸發展成廣大民眾尋找簡易
上網和與朋友溝通的媒介。距離賈伯斯推出智慧型手機還有約

兩年的時間，但臉書的線上成長非常迅速，臉書初嘗成功滋味。由於 2001 年到 2003 年間，股市崩盤以及網路泡沫化，風險資本市場的低迷氛圍正好站在提爾的這一邊。沒有任何一家專業的風險投資基金公司有興趣投資臉書的 B2C 平台。祖克柏希望獲得提爾青睞，因為他創辦的 PayPal 網路公司非常成功；此外，市值評估也相當吸引人。最終提爾投資了臉書 50 萬美元，這筆投資金額後來轉換為 10.2% 的臉書股份。

2012 年 5 月臉書掛牌上市時，提爾以每股 38 美元的價格賣掉 1,680 萬張股票，總收益高達 6.38 億美元。2012 年 8 月，股東股票持有期滿後，他再賣掉其他股票，獲利 3.958 億美元，共收益達 10.3 億美元。他手上仍持有 500 萬張股票，目前股價每股 143 美元（2017 年 4 月 20 日），市值相當於 7.15 億美元。提爾從當初投資的 50 萬美元獲利高達 17 億美元。

提爾的投資成本在 8 年內翻升了 3,400 倍。

三階段法

我們同樣以偉大企業的三項共通點：創造價值，深耕市場、有市場需求，能將其創造的一部分附加價值與自身結合，來詳細地分析臉書。

評估：企業的未來價值

提爾於 2012 年在史丹佛大學上課時談及對臉書的評價。

他認為，Airbnb、推特和臉書等網路平台的現金流量，將於 2024 年以後達到企業價值的 75 至 85%。2015 年初，臉書以 3,730 億歐元的市值成為全球第六大最有價值的企業。2010 年，提爾曾在科技資訊網站 TechCrunch 的會議上將臉書與 20 年代的福特汽車相比，臉書當時被評估為約 300 億美元市值的私人企業，對提爾來說，臉書是當時「全球最被低估的企業」。如果必須在 Google 和臉書之間擇一，那眼光應該放遠在臉書上。提爾當時就很確定，像 Google 這種大型網路公司的主導角色未來也會延伸到行動裝置上，進而壓縮到小型網路公司的空間。

但臉書仍無畏地持續成長，擁有超過 20 億用戶，祖克柏到目前為止所採取的策略奏效了。臉書一開始在提爾的建議之下首重於用戶數成長，自 2012 年首次公開募股開始，臉書的廣告事業才真正起步，迄今發展成名符其實的金雞母，業績數字亮眼。2016 年度，臉書銷售額超過 270 億美元，利潤超過 100 億美元，相較於前一年增長 177%。該公司在智慧型手機上的廣告獲利節節上升，根據統計數據網站 Statista 的資料，全球數位廣告市場到 2020 年可望增加到 3,350 億美元，光美國市場未來 5 年內可達 1,200 億美元，臉書和 Google 是數位廣告的主要受益者。根據 eMarketer 研究機構的評估，臉書至 2019 年在展示型廣告領域的市占率可達 43.7%，行動廣告領域則可增加到 33.8%。

臉書家族的「鎖定」效應以及其他應用程式，例如

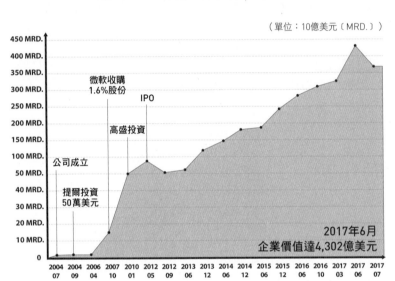

圖表6-10　臉書的企業價值發展變化

（單位：10億美元〔MRD.〕）

資料來源：DealBook、《紐約時報》、Yahoo Finance

Messenger、WhatsApp 和 Instagram，是臉書開發其他收入來源的利器。臉書營業額成長的驅動力包括：

- 用戶基礎的成長：2016 年第四季，臉書每個月的活躍用戶數增長 16.8%，達到 18.6 億。特別是祖克柏發起的 Internet.org 活動在快速成長的印度等國家開花結果。而 Instagram 等其他服務也持續快速成長，Instagram 於 2016 年 12 月已擁有 4 億個活躍用戶，但同年 6 月的用

戶量才 3 億。

· 廣告價格上漲：臉書為廣告客戶推出的新工具可進行有
　目標性的廣告格式以及提升廣告成效管控。因此，2016
　年第四季的每則廣告價格平均相較於前一年上漲 3%，
　廣告效果甚至比前一年提升 49%。

· Instagram 的獲利：Instagram 才正要開始獲利。但已經
　有愈來愈多的企業客戶看到 Instagram 作為廣告平台的
　潛能，臉書的企業用戶已達 6,500 萬，廣告客戶則超過
　500 萬。美林證券（Merrill Lynch）的分析師早於 2015
　年就評估 Instagram 擁有 370 億美元的身價。

· 影片：影片是祖克柏的第一優先，臉書 Stories 和臉書
　Live 等功能應該可以緊緊抓住用戶，待時機成熟就能
　將用戶量透過廣告行銷轉換為收益。

· 桌上型廣告營業額：從臉書的營業額數字來看，桌上型
　電腦仍很有潛能。2016 年第四季的成長為 22.5%，已
　連續第六個季度增長。由此可見，臉書受惠於採取免受
　廣告攔截的措施。

· Messenger/WhatsApp/Oculus：這三個平台新增了大量
　的新用戶，臉書將逐步開始 Messenger 和 WhatsApp 的
　行銷。Oculus 未來幾年仍在測試階段，短中期後，才
　能進行獲利措施。

永續性

在投資方面，提爾看好堅持長期且永續經營，並擁有穩健市場地位、擁有「特許權」爲基礎的壟斷型企業。提爾在投資方面的特性與巴菲特和蒙格類似，但提爾的投資只集中在科技產業。

臉書擁有超過 20 億用戶以及高度的使用頻率，已經是不可或缺的基礎設施業者，因此具備市場壟斷地位。對祖克柏的團隊而言，平台的規模化和無差錯運行的保證是首要之務。對很多人來說，臉書家族應用程式是他們數位化的第二個家庭，他們在其中花了很多私人時間——用戶使用臉書和 Instagram 的時間平均每天 50 分鐘，而每天平均閱讀 19 分鐘、運動 17 分鐘、社交經營 4 分鐘。臉書未來將成爲數位化迪士尼樂園，吸引用戶增加使用頻率和時間，進而逐步進行更多的消費。巴菲特和蒙格幾十年前和家人同遊迪士尼樂園，對迪士尼遊客的再訪率和忠誠度感到訝異，在那之後他們便購買了迪士尼集團的大量股票。

和迪士尼一樣，臉書透過各種不同的管道分銷其製作的媒體內容，打造獨一無二的銷售空間，祖克柏也成功地藉由多品牌策略在有限的智慧型手機螢幕上，將他旗下的臉書、Messenger、WhatsApp 和 Instagram 定位在最佳的位置上。對許多年輕人以及新興開發國家的用戶而言，臉書的應用程式世界等同於網際網路。祖克柏創造了一個有如大型百貨公司的網路空間，用戶在這裡有求必應，無論是娛樂、通訊或生活所需

一應俱全。

　　祖克柏著眼長遠，和他的偶像比爾・蓋茲一樣很懂得把握機會，他以高價收購 WhatsApp 和 Oculus Rift 就能證明這點。他的複數表決權特別股正好幫上忙，讓他可以無須花費太多心思在協調上，而能夠快速根據市場情況反應，把握稍縱即逝的機會。

　　但祖克柏也從比爾・蓋茲那裡學會複製其他競爭對手的做法，有人將蓋茲的這種策略稱之為「擁抱、擴充再消滅」，近期最佳範例就是 Snapchat。2013 年，祖克柏希望以 30 億美元收購這家正要起飛的社群媒體公司，但遭其創辦人伊萬・斯皮格拒絕。臉書後來推出的臉書 Camera 也具備了類似 Snapchat 的功能，能將照片和影片發表到動態訊息上，24 小時後自動消失。

　　然而，祖克柏的思考層面或許比他的偶像比爾・蓋茲來得寬廣一些。2017 年初，他在臉書開發者大會 F8 上發表了名為「Act 2」的願景，說明用戶未來如何在平台上彼此整合，關鍵就是虛擬實境和擴增實境。早在 3 年前，他以 20 億美元收購虛擬實境新創公司 Oculus Rift 時，就曾引起轟動。「工業歷史教會我們，每 10 至 15 年就會出現新的科技平台──電腦、網路、手機。手機是現今的平台，藉由虛擬實境則能讓我們升級到擁有全然不同的體驗。」祖克柏當時這麼說道。這項技術對許多人來說就是「the next big thing」，因為我們能親眼看到和體驗類比與數位世界融合為一。花旗集團的專家預估，2025 年

全球 VR 市場規模將成長到 5,690 億美元。

　　祖克柏發現臉書平台上的用戶分享愈來愈多的圖片和影片，文字比例逐漸減少。程式設計師可以透過「Act 2」這個開放式平台開發相關的應用程式，無須架設相機以及查看相機是否有在使用。此舉無疑是針對目標敵人 Snapchat 開戰，因為 Snapchat 在掛牌上市時定義為照相公司。臉書在人工智慧領域的大躍進以及 20 億用戶的龐大基礎，應該是祖克柏開創「美麗新世界」的關鍵。英格蘭作家阿道斯‧赫胥黎 1932 年就在其世界名著《美麗新世界》中形容，在 2540 年的世界裡，人們過著完美富裕的生活，但也因為遺傳基因的變化，有一半的人類變成了工作奴隸。而現今在瞬息萬變的數位化進步之中，或許這一切會比赫胥黎所預言的還要更早發生。祖克柏在 2017 年 2 月發表的宣言就是基礎，他在該宣言中闡述他嚮往幸福與和平世界的願景，並希望藉由臉書串連全世界。

　　白俄羅斯作家葉夫根尼‧莫羅佐夫（Evgeny Morozov）等評論家則認為，祖克柏是誇大其詞。他「不想生活在一個正義和價值由少數私人集團定義的世界裡」，「他們常推動自己都不完全理解的模式」。許多大型科技公司的創辦人未能完全意識到他們的發明所造成的影響力，這將會有失控的風險。

累積價值

　　2012 年，臉書掛牌上市時，祖克柏在招股說明書上坦言，臉書沒有任何行動廣告的經驗，更遑論營業實績了。如之前所

述，股市以股價大跌來反應股民的負面評價，2012年秋天，臉書的股價慘跌，但祖克柏和其團隊成功逆轉頹勢。如今，臉書的營業額有80%來自行動App廣告的貢獻，這家公司從首次公開募股以來，讓大家見識到他們如何一步一步將用戶的潛能表現在節節高升的營業額上。

　　臉書的App家族包括臉書、Messenger、Instagram以及WhatsApp，目前穩占市場龍頭地位。近來，該公司利用聰明的廣告策略將用戶在臉書上停留的時間轉換為節節高升的廣告

圖表6-11　**臉書每位用戶與各地區的平均營業額**

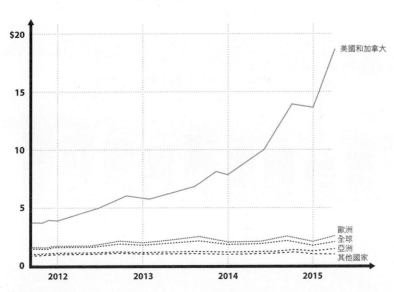

資料來源：臉書

營業額。光 2016 年第四季，臉書的營業額就創新高，高達 881
億美元。近來，臉書的每位北美地區用戶每年可創造超過 19
美元的營業額，相較於前一年大幅提升（13.50 美元）。

　　臉書應該是目前零邊際效應的最佳範例，收益成長遠高
於營業額成長，2016 年的營業額相較於前一年增加 57%，從
170.8 億美元上升到 268.9 億美元。同期淨收益則增加 177%，
從 2015 年的 36.9 億美元到 2016 年的 102 億美元！

　　臉書是數位廣告領域的新龍頭，也表現在其定價權力上。
臉書可以調漲其廣告價格，相較於 2015 年的 35%，2016 一整
年的營業利潤高達 45%。這個利潤持續上升，就如同提爾最愛
的方式，以類壟斷者的姿態獲取最大利潤，大幅受惠於市場數
位廣告支出成長的甜頭。

圖表6-12　　**根據一般公認會計原則的臉書營業利潤**

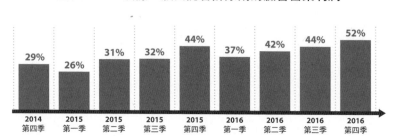

資料來源：臉書

壟斷 vs. 競爭

2014 年，提爾認為臉書「還不是像 Google 那樣強大的壟斷企業，因為社群網站領域每年都會出現新的競爭對手，推特和 Snapchat 就是後起之秀」。

緊盯著競爭對手動靜的祖克柏，自 2012 年首次公開募股以來，成功地以高價收購了逐漸展露威脅性的競爭對手，如 Instagram、WhatsApp 和 Oculus Rift，只有在收購 Snapchat 時失利。後來 Snapchat 在創辦人伊萬‧斯皮格的經營之下掛牌上市，目前收益前景看好。祖克柏 2013 年僅開價 30 億美元收購 Snapchat，相較於該公司 2017 年初 280 億美元的 IPO 市值，簡直是小巫見大巫。

但祖克柏的「復仇」隨之而至。2017 年 4 月，他在臉書開發者大會 F8 上發表了臉書擴增實境平台臉書 Camera，該平台除了 Snapchat 的功能以外，還提供其他特性。Instagram 也透過 Instagram Stories 將 Snapchat 的功能整合在這個熱門的相機應用程式中，至今已擁有超過 2 億用戶，比 Snapchat 還多。Snapchat 可能就像微軟在 80 到 90 年間的競爭對手 Lotus 1-2-3 或是 Word-Perfect 等，比微軟的 Excel 和 Word 更受到消費者青睞、技術層面也比較先進的程式一樣，當時比爾‧蓋茲巧妙地結合產品和 Office 套件，並專注於擴充功能，成功將其他競爭對手逐出市場，打造微軟 Office 辦公室標準套件的地位。

2000 年開始，反壟斷局開始積極追蹤微軟是否違反了反壟

斷法，並與該公司纏訟多年。令人訝異的是，在臉書逐漸占有社群網路的主導地位之際，這些監管機構對於臉書的收購案卻按兵不動。但近來已證實，光是 2015 年，臉書在遊說上的花費就高達 980 萬美元。

　　但臉書所擁有的主導地位也可能讓公司惹禍上身，祖克柏一直駁斥臉書是內容供應商的說法，他一再強調臉書只是一個讓用戶彼此交換內容的平台。然而，臉書成為愈來愈多人滿足其資訊欲望的主要入口。2016 年美國總統大選後，臉書因散布假新聞而受到多方批評。祖克柏在駁斥臉書假新聞影響總統大選的批評「太過荒唐」之後，也在廣告商的壓力之下力求轉變。在美國知名的新聞學教授傑夫·賈維斯（Jeff Jarvis）帶領下，臉書投資 1,400 萬美元推動一項改善媒體素養的全球性行動「新聞誠信倡議」，打擊假新聞氾濫，這對擁有 20 億用戶的社群網站來言，絕非易事。

　　2017 年 4 月，美國老翁高德文（Robert Godwin）遭槍殺身亡，震驚各界，更引發批評者對臉書的大肆抨擊。兇手在臉書上直播他的自白，該影片上傳到平台上才兩個小時，點擊率就超過 160 萬次。臉書隨後聲明，他們將竭盡所能，並開發人工智慧演算法，避免未來發生類似的事情，但確切的時間卻不得而知。

　　因此各界高聲疾呼臉書要有因應對策。《麻省理工科技評論》將臉書與在 60 年代逐漸占據主導地位的電視相對比，當時的人抱怨世界是充斥惡質電視節目和表演的資訊沙漠。該雜誌不認同祖克柏所謂「資訊社群」的說法，認為：「臉書的結

構並非如此，因爲這個社群網路不是思考網絡，而是人際之間的網絡。」

　　政府和競爭保護機構將持續觀察臉書的後續發展，或許可以依循 AT&T 的方式，將臉書分散成許多「小臉書」（Baby Facebook），也就是將 Instagram 或 WhatsApp 等個別服務從臉書區分出來，成爲獨立的公司。

收購和創造市場

　　臉書自 2004 年創辦以來就不斷地成長，起初是一顆小雪球從冰雪覆蓋的山上緩緩滾下，但一路上愈滾愈大，無人能擋。難怪被巴菲特欽點爲其傳記執筆的艾莉・施洛德（Alice Schröder）會將巴菲特的傳記取名爲《雪球》（*The Snowball*）。巴菲特經營他的「雪球」60 年了，將波克夏投資公司發展成如今約 4,000 億美元的身價。祖克柏的臉書目前的市值也將近這個價值，但巴菲特花了將近 60 年，祖克柏卻以創紀錄的速度以 13 年的時間達到。大家都知道選擇不動產的時候地點最重要，而在數位化世界裡，這個遊戲規則有了劇烈的改變。現在最受青睞的開店地點不再是紐約的第五大道、倫敦的龐德街、蘇黎世的火車站路或慕尼黑的馬克西米利安路等最頂級的精華區，而是智慧型手機小小螢幕上最顯眼的位置。

　　祖克柏最善於這項策略，也徹底貫徹執行。2012 年臉書掛牌上市時，祖克柏還被嚴厲批評其行動策略嚴重落後，而今他

的 App 家族 ── 臉書、Messenger、Instagram 和 WhatsApp，都盤據在手機螢幕的主導位置上，能與之相抗衡的就只剩 Google 了。臉書和 Google 的熱門應用程式都占據了手機螢幕上的黃金地點。祖克柏在推出諸如 Messenger 的功能後，成功地將一個應用程式一分而二。雖然用戶一開始多有批評，但用戶數仍持續成長，目前每個月有超過 12 億個活躍用戶。

　　但看到臉書對我們瞭如指掌的程度，總讓人心驚膽戰。《華盛頓郵報》列出臉書所記錄，與用戶相關的 98 種數據資料。該報揭露，臉書將用戶在該社群網站上的使用者行為與第三方數據業者的資料進行交叉比對，並收集有關收入、自有不動產的價值、信用額度、慈善捐款以及是否購買非處方用藥等資訊。當被質問到其收集數據的方法是否應修正時，臉書卻表示不予置評。

　　市場高滲透率和約 20 億用戶數讓該公司的新服務能更快速、更大規模地被消費者所接受，因此祖克柏及其團隊正在準備下一個重要的金雞母：影片服務。第一步就是臉書 Community 可自行上傳影片與朋友分享，此舉一方面可增加用戶在臉書上的停留時間，另一方面影片則提供置入廣告的新途徑。祖克柏希望藉此盡快趕上 YouTube，為了達到這個目標，他竭盡所能。臉書不僅新增了 Snapchat 和直播視訊業者 Periscope 和 Meerkat 的功能，還有明確的內容計畫。隨著前 MTV 執行副總裁米娜‧樂菲爾（Mina Lefevre）的加入，臉書的影音大業也愈來愈清晰，她將為臉書製作優質的全新原

創影視內容。為了滿足並緊緊抓住用戶，以及挑戰 Netflix、
YouTube、Snapchat 和亞馬遜 Prime 等影視平台，祖克柏必須
提供更多精采內容，烹飪課程和寵物影片已經無法滿足用戶的
胃口。臉書最近便購買了美國職業足球大聯盟超過 22 場比賽
的轉播權。

　　此外，《華爾街日報》也報導，臉書即將推出數位視訊轉
換盒（Set-Top-Box）的應用程式，用戶可透過該應用程式在電
視上觀看影片。2016 年底，臉書證實他們正與好萊塢的大型電
影公司洽談影片授權事宜。如果能成功展開其影音大業，不僅
能為公司開發新財源，還會成為 YouTube 的勁敵。祖克柏非常
看好的虛擬實境和擴增實境等最新趨勢議題，應該會是重要關
鍵之一。

壟斷的特徵

獨特技術

　　祖克柏最大的偶像不是賈伯斯，而是比爾·蓋茲。他希
望能藉由臉書達到像 MS-DOS 和後期的 Windows 所創造的成
績。作業系統是電腦的心臟，讓電腦能夠在電子硬體中脫穎而
出，形成一個多媒體世界。祖克柏因太早將臉書定義為一種
平台，而受到眾人譏笑。2016 年，他在臉書開發者大會 F8 上
發表了臉書未來方向的 10 年計畫，列出未來的三項大浪潮運
動。臉書將以其影音、搜尋、群組、Messenger、WhatsApp 和

圖表6-13　　**臉書的10年開發計畫**

資料來源：臉書

Instagram 等產品所形成的生態系統為基礎，並以連接性、人工
智慧、虛擬／擴增實境三大未來議題為結構。祖克柏和臉書將
他們的長期計畫公諸於世，並努力朝目標前進，這種做法值得
讚許。相較之下，蘋果的許多未來計畫仍在混沌之中，專業的
觀察家也看不懂 Alphabet 的各種活動和收購計畫，因為那些計
畫經常出現非常突兀的特性；這種情形一般常見於年輕的新創

公司，卻不是全球市值第二大公司應有的表現。

　　2017 年 4 月，祖克柏在臉書開發者大會 F8 上發表的擴增實境攝影機開發平台，目前是開發人員 proprietary interface 鏈的最後一個鏈接。祖克柏的團隊致力於在臉書平台四周，集聚一個為臉書生態系統編寫全新應用程式的軟體開發者社群，希望如比爾‧蓋茲利用 Windows 和 Office 辦公室套件，建立了一種其他製造商被迫要看齊的類標準。臉書開發人員的強大利器就是 Graph API 社群，可作為許多網路和移動服務的認證方法。運用 Messenger 所產生的聊天機器人也是如此，有愈來愈多如金融產業的開發人員和企業，正在以 Messenger 平台為基礎，建構他們的解決方案。

　　祖克柏最新的突擊行動就是神祕的特殊單位「Building 8」實驗室，由前 Google 暨美國國防部高等研究計畫署（DARPA）高層莉姬娜‧杜根（Regina Dugan）領軍，目標是為消費者市場開發新的硬體產品。根據《商業內幕》的資訊，該團隊目前正在執行至少四個有關虛擬實境和擴增實境的計畫，包括開發新的無人機。

　　臉書在通訊傳播領域的野心也愈來愈大，他們與貝爾實驗室合作，在美國和愛爾蘭之間的海底電纜，以自家玻璃纖維實驗更快速的傳輸方式。臉書和 Google 積極建設自家的基礎設施，以期為客戶提供高品質的影音串流、虛擬和擴增實境等全新的寬頻應用。

　　臉書的 Open-Source 計畫也設定凝聚更多開發人員的目

標，以使其軟體技術在市場上更為普及化。2013 年開始，臉書已將 React Java-Script 函式庫開放為開源計畫，該函式庫最早是臉書為其動態訊息所開發，後來也運用在 Instagram 上。

網絡效應

如果你正在尋找研究網絡效應的最佳範例，那麼臉書絕對是不二選擇。臉書是成長最快速的網路公司，甚至已經超過 Google 的龍頭地位。臉書透過好友相互連結和邀請加速病毒式的傳播效應，每一個臉書用戶會拉來更多朋友加入，快速形成雪球，雪球愈滾愈大。每個用戶平均擁有數百位好友，網絡效應就更明顯。難怪有人會說平台事業就是「勝者為王」的概念，這點德國 StudiVZ 平台有深刻的慘痛體驗。該網站是臉書的翻版，擁有數百萬用戶，在德國非常受學生族群青睞，祖克柏甚至願意以交換臉書股的方式收購 StudiVZ，但遭到該平台持有人霍爾茨布林克（Holtzbrinck）出版集團拒絕。後來臉書迅速席捲德語區，StudiVZ 的用戶也快速奔向臉書。

臉書已經擁有超過 20 億用戶的規模，因此很難再出現亮眼的成長率，但祖克柏仍遵循其計畫，持續開發他尚未觸及的目標族群。無論是 Internet.org 計畫、太陽能網路飛機或顯示新成長地區之城市化的大數據評估等，都是祖克柏力圖將臉書帶往世界上最偏遠地區的努力，一步一步吸引亞洲、非洲和拉丁美洲共計 40 億人口的用戶。

祖克柏因為妻子的緣故也學習中文，他在中國與大學生用

中文對談，甚至與中國高官會面。但他目前想擁抱中國市場的欲望尚未成功。

　　網頁上常見進行身分驗證的登入按鈕和按讚按鈕，也對臉書的病毒式傳播具有很大的影響力。就像當時在 eBay 網站上的 PayPal 標誌連結，臉書在這兩個工具的助長之下，精力充沛地茁壯成長。

規模經濟

　　臉書在 2016 年的規模經濟效益更明顯。該年的營業額較前一年增加了 54%，淨利則不成比例地上升 177%，堪稱是經濟規模效益最大的受益者之一。臉書一方面擁有約 20 億用戶，是全世界客群最大的企業；另一方面，還擁有數位化平台，可與客戶隨時保持連線，不會產生後續費用或生產成本。這就是經濟學家暨作家傑瑞米・里夫金（Jeremy Rifkin）所稱的「零邊際成本」。

　　微軟便是規模經濟效益的最佳範例，其軟體授權是最賺錢的印鈔機。每增加一次授權的附加成本極低，而其新增的營業額則不成比例地增加；但微軟必須長年維護由作業系統、資料庫和 Office 程式組合而成的不同版本軟體，因此必須具備大量的開發能力。臉書也非常受惠於規模經濟效益，但只有平台必須維持在最新技術的情況下，其反應在數字上就是不容小覷的低度成本優勢。

　　臉書的營業利潤在 2014 年第四季到 2016 年同期，從 29%

增加到 52%，如果臉書的用戶能持續成長，進而將用戶數轉換
為利潤，可想而知其利潤還會持續增加。

品牌

　　無庸置疑，擁有 20 億用戶的臉書已經是全世界最知名的
品牌之一。消費者會直接說「臉書」而非「社群網路」，就像
一般人不會說要買「含咖啡因成分的氣泡飲料」，而是直接說
「可口可樂」一樣。這種理所當然使用公司名稱來稱呼產品的
方式，就是高品牌知名度的指標。臉書是全球前五大品牌之
一，市值高達 526 億美元，僅略遜於 585 億美元的可口可樂。
臉書也蟬聯全球成長最快速的前百大品牌，未來值得觀察的是
Instagram、WhatsApp 和 Oculus Rift 這三個快速成長的品牌在
臉書王國中的定位。目前看來，Instagram 最受年輕人以及想與
眾不同且追求潮流的族群青睞。截至目前為止，臉書提供廣泛
的服務，滿足不同客群。當有新的潛在競爭者（如 Snapchat）
出現時，臉書皆採取快速且一致的因應策略，試圖以相同或更
好的功能凝聚用戶的忠誠度。

彼得‧提爾的投資分析之三：
連 CIA 和 FBI 都是客戶的 Palantir

　　Palantir 有何特殊之處，會讓提爾特別想要投資呢？回顧

「從 0 到 1」過程中的三個基本問題：

什麼是有價值的？

提爾從他的 PayPal 創業經驗中了解正視網路犯罪快速成長的重要性，有組織的犯罪逐漸將其觸角延伸到數位世界，911 事件爆發更證實國際恐怖主義也扮演重大的角色。因此，自詡為自由主義者和企業家的提爾創辦 Palantir 大數據分析公司，似乎也是非常合乎邏輯的演變。他期望藉由這家公司提供相關數據，讓專家在例如打擊恐怖主義的策略方面，快速進行重要決策。提爾早在政治人物、風險投資人和企業談及「大數據」概念之前，就認知到創辦這家公司的重要性。提爾對自己的願景深具信心，因此他先自掏腰包以及運用其創辦人基金獨資成立這家公司。對提爾來說，能將一開始無人相信的東西發展成重要市場就是價值所在，而 Palantir 就是最佳範例。

我能做什麼？

與 PayPal 不同的是，提爾在 PayPal 擔任執行長一職，但在 Palantir 一開始則擔任監事會主席的角色。他找來了史丹佛念書時期認識的朋友亞歷山大・卡普，組了一個團隊，由提爾提供必要的資金，然後耐心地等待這家新創公司開發第一個產品，產品還必須得到政府機構、軍方和大企業等挑剔客戶的接受。提爾一直都是 Palantir 背後隱藏的戰略師，致力於以其知識、他自詡自由主義者的理念、他的人脈網絡，將公司推上具

影響力的重要科技企業之列。媒體也密切觀察提爾擔任川普行政團隊科技顧問以及 Palantir 監事會主席一職，兩種角色之間的可能連結。畢竟，在提爾於 2016 年聖誕節前首度為川普和矽谷科技巨頭籌辦的科技會談中，執行長卡普所代表的 Palantir 是其中唯一股票尚未上市且規模明顯遜色的公司，當時參與該科技會談的矽谷巨頭包括蘋果的提姆‧庫克、亞馬遜的傑夫‧貝佐斯、Alphabet 的賴瑞‧佩吉以及臉書的雪柔‧桑德伯格。

有什麼是別人還沒做的？

提爾於 2003 年創辦 Palantir 時，只有少數人知道何謂「大數據」。此外，當時的全球化尚未如此普及到讓人們了解數據品質的數量和深度，可在未來使用以進行評估。然而，提爾看到了創辦具有重要影響力的新科技企業的「時機之窗」，它可以創造歷史、解決全球重要機構的重要問題。Palantir 可望成為各國政府、公部門和大企業的策略性工具和武器，用以抵禦21 世紀的禍害和挑戰。現今，各國政府和公部門面臨恐怖組織頻繁的不對稱攻擊，大企業則必須面對新創企業夾帶著數位化商業模式來勢洶洶的破壞性攻勢。

提爾以獨資再加上其創辦人基金的資金共計 4,000 萬美元投資 Palantir，該公司 2016 年 11 月進行募資時，市值評估約200 億美元。《富比士》2013 年評估提爾在 Palantir 的持股約12%，市值約 24 億美元。根據美國網路新聞媒體 BuzzFeed 的資訊，提爾的創辦人基金評估 Palantir 的貼現率約 40%，因此

Palantir 的帳面價值約爲 127 億美元，明顯低於該公司對外聲稱的價值。

提爾的投資成本在 14 年內翻轉了 36 至 60 倍之多。

三階段法

以下我們同樣以偉大企業的三大共通點來分析 Palantir。

評估：企業的未來價值

與 PayPal 和臉書不同的是，Palantir 並未上市，因此外界很難取得企業的相關指數。此外，Palantir 對具體的商業數據保持高度機密性。該公司不會和客戶簽訂標準合約，而是爲客戶設計量身打造並使用以高度成功爲導向的組件，在軟體發揮預期的附加價值時，這些特殊組件才會運行。因此，對於有關該企業價值評估的問題，無論是局外人或內行人，都不是件簡單的事。就連提爾的創辦人基金也是根據 BuzzFeed 網路新聞媒體公司的資訊評估 Palantir 市值爲 127 億美元，而不是 2016 年募資時公司聲稱的 200 億美元。科技公司的市值評估問題通常是信心問題，對於 Palantir 大數據公司更是如此。

2016 年 10 月，卡普在《華爾街日報》的會議上表示，Palantir 將於 2017 年超越損益平損點——「如果我們短期內沒有加以阻止的話」。卡普表示，他們已經試圖延長盈利時間，公司上市的問題也在積極研擬中。在這之前，卡普對於公司上

圖表6-14　**Palantir的企業價值發展變化**

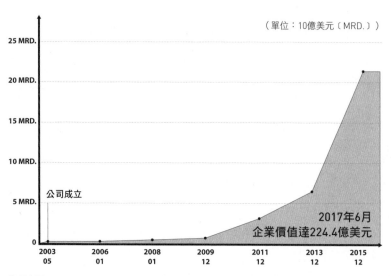

資料來源：Sharespost.com

市一事一直持保留態度，Palantir 與私募股權投資公司合作，
因此員工可以了解他們股份的眞實價值。但卡普首度於《華爾
街日報》的數位化會議上表示不排除公司上市的可能性，以期
給予員工能將他們爲公司的奉獻轉換爲實質鈔票的機會。同
時，卡普也揭開公司向來不對外公布的重要指數面紗，從這些
財務數字看來，公司運行的努力全以客戶爲導向，營業額達 1
億美元以上。優秀的公司不一定就是好客戶，Palantir 目前擁
有超過 20 個合約，總金額超過 1 億美元。該公司與美國海豹
部隊的長期合約甚至高達 4 億美元，2015 年和 2016 年的國外

訂單營業額也有翻倍成長的佳績。

　　Palantir 至今未公布任何財務數字。根據美國 CNBC 商業新聞台 2016 年 1 月的報導，Palantir 在 2015 年的營業額已超過 15 億美元大關，該公司的營業額自 2011 年每年都有約 100% 的成長率。

　　Palantir 於 2017 年初與德國默克藥廠（Merck）簽訂長期合作協議，以期以 Palantir 的分析軟體為基礎，共同研究

圖表6-15　**Palantir營業額**

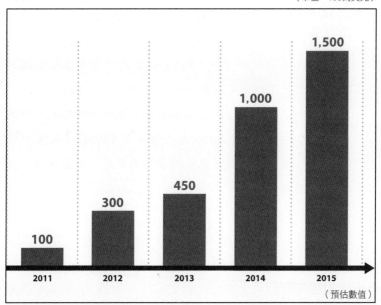

（單位：100萬美元）

資料來源：CNBC、《紐約時報》、WedBush

治療癌症的解決方案。默克藥廠董事會主席斯特凡・歐斯曼
（Stefan Oschmann）表示，該合約正朝向成功邁進，雙方也設
計了非常正面的利潤分配。根據卡普的說法，這項合作協議將
可能延續 10 年，由此可見，Palantir 的合約極具客製化的特色。

　　Palantir 營業額成長的驅動力包括：

・擴展與政府和公部門的業務：除了美國以外，英國和丹
　麥也是 Palantir 的客戶。
・擴展與美國軍方的業務：美國國防部長詹姆士・馬提斯
　（James Mattis）和美國國家安全顧問麥馬斯特（H. R.
　McMaster）都是美國退役將軍，是 Palantir 在美國軍方
　的最佳說客。
・擴展工業領域的業務：Palantir 最近與默克藥廠和歐洲
　空中巴士集團簽訂合約，凸顯其進軍工業領域的野心。
・擴展網路安全業務：市場研究公司表示，網路安全市場
　到 2021 年將達到 2,020 億美元規模，Palantir 身為打擊
　犯罪、洗錢和識別業務數據異常的專家，可望在這個成
　長市場大有斬獲。

永續性

　　Palantir 成立於 2004 年，年資與臉書相同。Palantir 在最
有價值的獨角獸公司之中，年資也最久。根據 Pitchbook 金融
數據與軟體公司的資訊，該公司迄今共獲得約 25 億美元的風

險投資，對於一家新興的軟體公司而言並非小數目。

Palantir 在全球擁有超過 2,000 名員工，大多為工程師或資訊研究人員。根據 LinkedIn 的資料數據顯示，該公司是最受鄰近史丹佛大學資訊系畢業生青睞的雇主。無怪乎 CNBC 商業新聞台於 2016 年初，會以「CIA 贊助的新創企業已接管帕羅奧圖」這麼聳動的標題來形容 Palantir。這則報導刊出時，Palantir 在帕羅奧圖共有 23 間建築物，總面積相當於該市商業辦公面積的 15% 左右。Palantir 選擇最接近最重要資源的地方落腳——這裡多的是源源不絕且對創新飢渴的史丹佛大學資訊系畢業生。

Palantir 多年來深耕公部門、政府、軍方和大企業的努力，終於邁入豐收期，公司達到相當的規模，且在許多領域擁有極為關鍵的地位，公司的永續性精神因應而生。原則上，Palantir 的客戶方向與其客製化的合約設計皆採永續且長期的規畫。因此，Palantir 過去這幾年都能持續地成長。卡普表示，Palantir 將於 2017 年超越損益平衡點，與公部門之間的業務開始獲利，其關鍵在於卡普與信譽良好的大企業簽訂的長期合約。

Palantir 的最新市值評估為 200 億美元，可望邁向上市的決策將更強化該公司的財務地位。Palantir 可以繼續擴展其國際版圖以及開發新市場，就如它過去也不斷收購能強化自身科技範疇的新創公司。Palantir 未來也將利用新的資金收購其他公司，來補足本身不足的領域。

累積價值

　　卡普擔任執行長暨唯一和最高銷售代表的目標是，與全世界各產業最大、最具影響的企業簽訂客製化合作合約，若有必要，雙方可成立共同公司來執行合作專案，Palantir 和瑞士的瑞士信貸集團（Credit Suisse）就是採取這種合作模式。

　　因此，雙方必須互惠互利，才能讓銷售計畫變成雙贏的長期戰略夥伴關係。Palantir 的軟體專家與客戶共同開發客製化解決方案，但由於 Palantir 沒有銷售部門，因此現場工程師會與客戶密切合作，確保盡量滿足客戶的需求，同時省去銷售人員居中的冗長步驟。

　　在 2017 年 1 月初公布與德國默克藥廠的合作案中，Palantir 派自家程式設計師加入默克藥廠的團隊，共同研究治療癌症的解決方案。此外，Palantir 還與默克藥廠達成了以成功為導向的報酬協議，該協議載明雙方的利潤分配。只有在對自家軟體的優勢非常有自信，以及對精挑細選的合作對方有十足把握時，才可能簽下這種承諾。難怪卡普會說，他們只將目標瞄準具有至少 1 億美元訂單潛能的客戶。「我們都是單身，結婚之前，當然要多約會。」這是卡普對其銷售策略最傳神的描述。只有這種客戶，才值得他們傾全力投入。Palantir 的客戶包括總部設在法國的安盛保險集團（Axa）、美國銀行、德意志銀行、葛蘭素史克（GlaxoSmithKline）等跨國大企業，以及零售商龍頭沃爾瑪。

壟斷 vs. 競爭

對競爭對手而言，Palantir 高深莫測，就像拳擊或棋類對弈等一對一的運動競技。該企業的行事風格也一反傳統，特別是公部門和軍方更無法適應他們的獨特風格。對華盛頓的既有參與者而言，不僅卡普和其員工的穿著風格帶來了文化衝擊，他們還不時夾雜著諸如「破壞性」等術語以及與西裝筆挺的氛圍完全不搭的矽谷語言，而西裝筆挺是雷神公司（Raytheon）、洛克希德‧馬丁航太製造商（Lockheed Martin）以及諾斯洛普‧格魯曼公司（Northrop Grumman）等既有軍購集團數十年來樹立的風格。

Palantir 希望以矽谷局外人的身分「低調」享受政府和軍方高額的科技預算，但這個意圖尚未大獲成功。Palantir 原本希望以低廉的價格提供其標準軟體給政府機構和軍方，作為未來合作的基礎，但此舉不僅無法得到客戶理解，還常遭到嚴厲的拒絕。Palantir 在因無法符合正式要求而被排除在外之後，決定花錢和時間委託律師事務所控訴軍方專案的申請和評估程序。軍方採購負責人員在遴選程序中增加了一則條款，根據該條款規定，Palantir 應提供員工的工時登記證明。然而 Palantir 的員工採責任制，不需要打卡，公司不會規定員工的上班時間和時數。因此，Palantir 未能符合供應商遴選條件，在第一輪供應商遴選程序中就敗下陣來。

Palantir 和軍方截然不同的文化也彼此衝擊。一位軍方相

關負責人向《財富》雜誌表示，Palantir 的人曾跟他們說：「我們有我們的商業模式，我們會誓死捍衛。」這當然不是「循規蹈矩」的軍方的做事原則。《財富》雜誌在一則長達 13 頁的特別報導中支持 Palantir，並試圖揭露軍方這種「我說了算」的採購制度，而該制度也是軍方採購案失敗以及價格高昂的罪魁禍首。雖然 Palantir 得到川普以及眾多將軍的支持，但他們能否成功打入大型軍購集團所打造出的陣仗之中，且讓我們拭目以待。

Palantir 的重要競爭對手是大數據領域的企業如 IBM，以及雷神公司、洛克希德・馬丁等本身就設有軟體部門的大型軍購集團。

Palantir 的目標在於建立整個產業的類標準，Palantir 與英國石油（British Petroleum）的交易就是最佳範例。Palantir 與英國石油於 2014 年 11 月簽訂一份長期合約，保障 10 年總金額高達 12 億美元，以及在達標的情況下還承諾給 Palantir 額外的分紅。

收購和創造市場

Palantir 自 2004 年成立以來，創造了一個新市場。當時的大數據議題仍在萌芽階段，但 Palantir 從經濟領域的網路犯罪盛行，以及美國政府面對恐怖主義興起的挑戰中看到了需求。

超過 25 億美元的財務資源和提爾在幕後的策略操盤，讓

卡普有時間開發具備最先進技術的產品，無須直接承擔客源壓力。Palantir 採取專注於重要產業的大企業、直搗核心與董事成員洽談以及提供客製化合約的策略，現在他們擁有一份獨特的精選客戶名單。Palantir 絕對是數據分析領域中解決高度複雜問題的勞斯萊斯。

如前所述，Palantir 以為政府、公部門和軍方提供的基礎軟體為主，建立整個產業的類標準。與客戶簽訂的長期合約以及隨之而來的共同開發合作關係形成高門檻的「鎖定效應」，其作用有如公司導入 SAP 軟體和標準商業軟體。根據提爾和卡普的評估，企業一旦採用 Palantir 軟體進行重要的業務分析，就很難說走就走了。

在金融產業成為 Palantir 第一波私人企業客群名單（繼公家單位和軍方之後）後，Palantir 現在將目標瞄準 Airbus 或是英國石油等原材料產業。

提爾在演講和接受專訪時不時抨擊，相較於數位化世界，「原子世界」自 60 年代末以來缺乏創新，而這正是 Palantir 軟體的最佳優勢，能藉由數據分析為保險產業、製藥、航太工業的客戶提供獲取突破性的經濟和創新技術成功的新知。這是許多重量級企業的當務之急，因為過去 15 年間，有一半以上的標準普爾 500 指數企業被剔除出該指數，被新公司取代。政府和公部門的需求也可望持續增加，難怪 Palantir 會在 2016 年世界經濟論壇上介紹一款可透過眾多利益相關者和反對者的大數據分析，以圖形顯示敘利亞戰爭局勢的應用程式。

　　2015 至 2016 年冬天的難民危機和全球移民運動的持續壓
力，讓多國政府和公部門如坐針氈，恐怖主義以及俄羅斯、中
東和北韓不穩定的政治局勢等也讓各界傷透腦筋。但與政府來
往過密也可能帶來災難。2017 年 1 月，示威民眾在 Palantir 總
部前抗議，試圖阻止他們開發管控穆斯林入境美國的軟體。卡
普接受《富比士》採訪時強調，他們絕不可能接受、更遑論執
行這種委託。民眾似乎嗅到了歐威爾《1984》或是赫胥黎《美
麗新世界》中的危險氛圍。

壟斷的特徵

獨特技術

　　Palantir 軟體的核心能力，在於整合出自不同來源和數據
載體的結構化和非結構化數據的獨特功能。乍聽之下似乎很簡
單，但技術上卻非常繁瑣。經過 Web 2.0 和社群媒體爆炸式地
散播，非結構化數據量暴增，整合數據流的演算法是使分析具
說服力的基本先決條件。

　　Palantir 的第二大銷售賣點在於直覺式圖形使用者介面，
該介面與分析功能都是專為非專業人員所設計，操作和學習都
非常簡單，使用者可立即提出專業問題，並進行分析和評估。

網絡效應

　　臉書以及 PayPal 等時下病毒式成長的平台大多為免費平

台，客群爲最終用戶，但 Palantir 不同，其客群瞄準公部門和大企業。這種銷售管道一開始需要投入鉅額諮詢和銷售費用，過程中往往需要時間和耐性，直到說服對方，並簽訂第一張訂單。Palantir 打入企業的方式有兩種：第一，直接找上最高層管理者，並嘗試與對方簽訂客製化合約；第二，與每天都要處理像 Palantir 這種軟體的執行單位聯繫。Palantir 的目的是讓這些執行人員成爲 Palantir 的代言人。卡普不時強調，熱情的使用者會將 Palantir 軟體的資訊告訴其他部門的同事，這些同事就可能成爲新客戶。Palantir 也在軍方成功運用了這套策略，他們提供軟體給阿富汗特殊單位的精銳小組使用，這些精銳士兵則請求上司訂購更多使用權限。由於 Palantir 的客戶大多爲跨國企業，其專業團隊的成員也大多來自不同國家，因此軟體的需求不會僅限於零星幾個部門或幾個國家，而是會傳播到全世界，亦即在公司內部形成一種「鎖定效應」，Palantir 便可在一個企業內永久占有一席之地。

規模經濟

特別是在公部門和軍方領域，Palantir 可以盡情發揮其身爲標準軟體供應商的優勢。SAP 軟體公司的商業軟體就是走這套模式成功的，因此 Palantir 的競爭力更優於競爭對手。美國國防部若決定採用 Palantir 的標準軟體，其用於部隊裝備採購預算僅 1 億美元；但軍方採購單位自 2001 年開始，共計支出超過 60 億美元購買了由雷神公司、洛克希德‧馬丁等軍購集

團研發的客製化軟體。正當民營企業和大集團紛紛重新思考且已經了解，他們應迅速轉型並接受矽谷的破壞性技術之際，軍方卻仍是被禁錮在舊有思考模式的最後一道封閉堡壘中。最經典的是，《財富》雜誌曾在一則有關 Palantir 與軍方之間的拉鋸戰報導中提及，五角大廈的官僚體系龐大，採購和承包程序就涵蓋了 20 萬 7 千名經辦人。這太不可思議了，海軍菁英部隊也不過約 16 萬人。川普政府是否能成功調整國防部預算，提高其經濟效益，值得拭目以待。但結果可能不大樂觀，因為川普於 2017 年 2 月宣布，五角大廈的預算將增加 540 億美元，相當於增加 1%。

在民營企業領域，Palantir 必須與各產業的領先集團合作，共同開發未來可銷售給其他公司的標準解決方案。Palantir 透過精選客戶名單已備好基本先決條件。蘇黎世聯邦理工學院（ETH Zürich）的科學家於 2011 年完成一份備受關注的研究，研究成果顯示，全世界 147 個單位（大多為大型金融集團）掌控將近 40% 跨國集團的貨幣價值。世界知名金融企業如安盛保險集團、瑞士信貸集團、德意志銀行以及 JP 摩根大通等前二十五大集團皆為 Palantir 的客戶。

2017 年 2 月，卡普在接受彭博新聞社訪問時強調，公司雖然急速成長，但「現金燃燒率」的速度已放緩 60%。此外，他也密切觀察員工數的增長需求，Palantir 截至目前為止必須增加的數據分析特定工作已經補足人力，這也表示新聘人數將減少，獲利比例將會上揚。

品牌

2009 年，Palantir 公布取得 9,000 萬美元的融資，公司市值正往 10 億美元俱樂部大步前進，一向對新創市場瞭若指掌且不時大篇幅報導新創公司的科技資訊網站 TechCrunch 也坦言，Palantir 過去一直潛藏在媒體雷達螢幕下活動，有如鴨子划水。TechCrunch 還特別對比 Palantir 和當時熱門的 Foursquare 服務的社群媒體活動 ── Foursquare 於 2009 年成立以後的第一年共有 208 則推特發文；反之，於 2004 年成立的 Palantir 則僅一則發文。與其他科技企業不同的是，Palantir 對於社群媒體的運用多有保留，「神祕面紗」的稱號對 Palantir 加分不少，因為緘默能在企業客群和公眾領域引起外界對 Palantir 的讚賞。不時有記者將 Palantir 與找到賓拉登一事牽扯在一起，雖然 Palantir 從未正式證實此事。Palantir 未設置公關部門，但該公司依舊受到優秀軟體開發人員和數學專家青睞，關鍵在於這些人才深受 Palantir 面臨的各式各樣巨大挑戰所吸引。此外，提爾和卡普也深知如何在政治和大企業的舞台上為 Palantir 爭取曝光機會。該企業的核心就是「眾人的事」，它不需要傳統的廣告工具或造價不菲的銷售機器。

如前所述，卡普過去對公司上市一事一直保持保留態度，但他也因應外界對公司透明度的要求，願意讓媒體和分析師一窺公司內部向來極度保密的情況。IPO 或許能讓 Palantir 的品牌更為響亮，且根據提爾和卡普的看法，公司掛牌上市後，中期內即可能跨過千億美元俱樂部門檻。

獨到的野心與眼光：彼得‧提爾的投資之道

提爾投資公司

　　提爾投資公司（Thiel Capital）是彼得‧提爾成立的私人控股投資公司，該公司網頁上就只有「THIEL」這個字。LinkedIn 對於該公司目標則有以下說明：「提爾投資公司為彼得的眾多投資計畫和企業，努力提供戰略和運營支援。相關組織包括：Clarium Capital 投資管理公司、創辦人基金、Mithril 投資管理公司、Valar 風險投資公司和提爾基金會。」

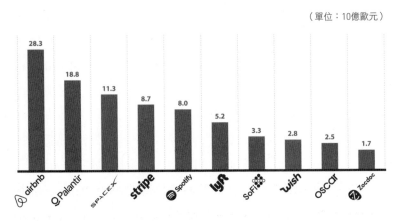

圖表6-16　**提爾投資的新創公司品牌預估價值**

（單位：10億歐元）

說明：截至2017年3月6日的現況
資料來源：CNN

　　根據 LinkedIn，提爾投資公司目前的員工數介於 11 至 50 人之間。

　　提爾投資公司於 2017 年 2 月登出一則彼得‧提爾個人助理的徵人廣告，從中不難理解該公司的企業文化：他們需要一名能夠處理多重任務以及適應高壓企業型態的員工；他必須具備專業和敏捷的行事能力以及高度謹慎的態度，但同時還必須兼具活潑、樂觀和幽默的人格特質；「工作不分大小」的職業道德是最基本的先決條件，手機和電子郵件 24 小時全年無休以及隨時準備好出差的工作態度，也是必備條件之一。

Clarium Capital 投資管理公司

　　2002 年，提爾將 PayPal 賣給 eBay 後回歸到他的最愛，也就是金融市場和投資。同年，他自籌約 1,000 萬美元，成立了反映全球總體戰略對沖基金的 Clarium Capital 投資管理公司。對全球經濟關係瞭若指掌的提爾，看到了能將自身的經濟知識轉換成黃金的大好機會。

　　提爾認為，宏觀的投資人就像偵探，能將夜間在遠處發生的事件中，彼此沒有直接關係的線索，彙整成具說服力的完整論述。他希望藉由逆向操作策略讓他的基金公司受惠於產業泡沫化。他曾以科技企業家的角色在最前線經歷過 2000 年的網路泡沫化，除了本身的能力以外，他也很幸運地將 PayPal 打造成 10 億美元市值的企業，並完滿地功成身退。

　　提爾不只是個經濟學家，也是哲學家。因此，他用希臘神話來形容 Clarium Capital 的使命：其目的在於找到另一條路，但這條路腹背受敵，左有六頭女海妖斯庫拉（Skylla），右有怪物卡律布狄斯（Charybdis）。斯庫拉和卡律布狄斯都是義大利西西里島美西納海峽（Messina）的海怪。斯庫拉有六顆頭，每個嘴巴裡有三排牙齒，任何人靠近都難逃被吞噬的下場；而卡律布狄斯則會大口吸入海水，形成大漩渦，然後再噴出海水。船隻若被捲入大漩渦，必死無疑。

　　提爾願意承擔風險，發揮最大槓桿作用，他和員工以逆向思考投資策略迎戰新的泡沫和世界經濟的異常。當其他投資人賣出日本政府債券時，他們買入；當發現石油供應緊縮時，他們就看漲石油價格。他們也看出不動產市場的價格泡沫化。該基金公司的利潤一直到 2008 年夏天都呈現上升趨勢，投資金額也增至超過 70 億美元，短短 6 年增加了 700 倍。提爾因此獲得對沖基金領域的投資天才稱號。

　　然而就在此時，隨著 2008 年 9 月雷曼兄弟投資銀行破產，金融泡沫一一幻滅，國際股市隨之崩盤。提爾反向操作，看漲未來股市價格，但股市仍持續下跌。2009 年，團隊改變策略，開始看跌股市；但各國政府透過中央銀行採行零利率政策和購買國家債券，有志一同地進行干預，讓股市起死回生，這破壞了提爾的計畫，也讓公司陷入窘境。投資者撤回大量流動資產以填補在別處的虧損，更是雪上加霜。2010 年中，投資人抽走約 3.5 億美元資金，其中有三分之二都算在提爾頭上。市場

上謠傳，Clarium Capital 似乎已經變相成為提爾的私人銀行服務。提爾學到了資本市場的重要一課：聰明反被聰明誤。選對正確的時機，只成功了一半而已。

巴菲特在給股東的信中闡述了他的成功原則：「經濟市場上方的天空，每 10 年就會有一次烏雲密布的變天，緊接著下起短暫的黃金雨。這時候我們應該拿浴缸衝出去盛黃金雨，而不是拿茶匙。」提爾在這時發展出科技停滯的悲觀理論，他認為沒有新的科技改革，扭曲的全球化將導致全球性的衝突。然而，如果沒有從中吸取到未來商業目標的重要教訓，那他就不是提爾了，於是他將投資心力著眼於可對世界帶來更多進步和希望的未上市科技企業，將投資標的集中在此領域能拉長投資期限，因此不會重蹈覆轍，投資人也不會短期撤回資金。

Mithril 投資管理公司

2012 年，提爾和朋友亞佳‧羅伊安（Ajay Royan）共同成立 Mithril 投資管理公司。公司名稱再次展現他對《魔戒》的情有獨鍾。Mithril 是書中所描述的金屬，是地底下最堅硬的物質，正好與該公司網頁上的「天長地久」（Building To Last）標題相呼應。Mithril 主要瞄準應用科技、創造價值和永續經營的成長型企業，傾向亟需改變的產業。他們自詡具備科技和市場專業，是想要發揮自身能力、期待轉型和升級的成長型公司最理想的諮詢合作夥伴，投資行業和區域則不設限。

　　Mithril 的結構非常精簡，可說是數位化的波克夏控股公司。羅伊安負責管理，提爾則擔任投資委員會主席，團隊成員還有提爾從其他公司挖角來的 10 位員工。最後的投資標的和資金流向由羅伊安和提爾決定。羅伊安表示，他們最初的想法是以企業的形式獲得永久資金，然後在 15 年後上市。提爾和羅伊安已經做好凍結他們所投入資金的心理準備，但這種投資方法對投資人而言太過於極端，因此兩人決定改採基金結構，但將期限拉到 12 年。

　　Mithril 採取集中式的投資策略，主要投資矽谷人基本上不知曉的公司，包括位於堪薩斯城、致力於從交易關係中優化被綑綁資本的現金流的 C2FO，位於法國土魯斯、開發海底機器人的公司，以及位於波士頓、為火車旅行者提供一條龍購票服務（無論是哪一家鐵路公司）的科技公司。這種投資標的組合讓人想到巴菲特的收購策略。對於外界的這種聯想，羅伊安樂觀其成，但他指出他們與巴菲特之間的重要差異：巴菲特過去從不投資科技業，因為無法預測哪家公司能長期留在市場上。羅伊安認為，現在的科技也已經沒有「繁榮與蕭條交替循環」，而是長期的賭注。「如果現在施行巴菲特的投資起手式，就只能壓寶以科技為基礎的投資標的，因為我們都是以現今仍存活的企業為基礎起來的。」Mithril 投資的企業股份約 1%，成功的話，就會有 2,000 萬至 1 億美元的高額獲利。

　　但 Mithril 的投資標的組合也有傳統的矽谷軟體公司，其中包括雲端計算專家 AppDirect。Mithril 在 AppDirect 的投資

獲利也頗為豐盛，這間雲端企業原希望在 2017 年初上市，但在 IPO 前不久就被思科以 37 億美元高價收購。

Mithril 主要瞄準私人銀行服務和富人，他們和許多機構的投資人不同，12 年的長期投資不會有問題。根據最新資料，該公司的資金已達 8.5 億美元。

創辦人基金

2005 年，提爾和 PayPal 共同創辦人肯‧豪利以及盧克‧諾斯克共同創辦了創辦人基金，這是一種從提爾的角度看（科技）世界的投資工具。創辦人基金這句「我們想要飛行車，結果卻得到 140 個字元」（We wanted flying cars, instead we got 140 characters.）聞名全球，那是對推特新聞服務和風險投資人的影射，特別是偏好投資資本密集度較低的網路和社群媒體公司；投資人對高風險科技興趣缺缺，但其實科技才能真正改善人類的生活。

「未來會如何？」這是該基金公司最起始的問題。創辦人基金投資傑出的企業家，因為他們致力於研究人類難以解答的問題，這些問題大多是科學與工程領域的複雜問題。提爾和他的夥伴希望藉此創投公司創造一個有趣的共生生態：推動科技進步，進而帶動世界成長的主要動力，同時為投資人創造非凡的回報。

創辦人基金認為風險投資陷入了漫長的噩夢。60 年代時，

風險投資公司和當時新興的半導體產業建立了緊密合作關係。風險投資傳奇人物亞瑟‧洛克（Arthur Rock）等人就曾冒著巨大風險，本著企業家的勇氣，投資仙童半導體公司與現今的晶片巨頭英特爾等公司。他們是促成矽谷成形，以及間接賦予「矽谷」之名的大功臣。但是風險投資的特性變了，從一開始強烈的改革特性，主要以投資科技業為主，逐漸轉變到投資漸進式且風險較小的投資標的，特別是網路和軟體公司，這樣的轉變毀了提爾和創辦人基金的風險投資人。

　　「當我們有十足把握時，就會卯足全力。」布萊恩‧辛格曼（Brian Singerman）說道。他是創辦人基金除了提爾、豪利和諾斯克以外的第四位合作夥伴。這句話的意思是，創辦人基金採取非常集中式的投資組合，但每一筆都是鉅額投資。反之，許多風險投資人採取「噴霧和祈禱」原則，無異就是分散投資，避免巨大虧損的風險。但事實上，正好相反，而這正是巴菲特對許多基金管理人的告誡：投資太多公司，根本無法深入了解個別公司。巴菲特用顯而易懂的譬喻來形容：「如果你的後宮擁有 40 個女人，你對她們根本一無所知。」

　　創辦人基金最理想的投資標的是創造全新市場的公司，就像提爾的新創企業 PayPal 和 Palantir。這類公司具有以下特性：

‧ 知名度低（高知名度大多會有太高的市值評估）；
‧ 難以評估；
‧ 具有科技風險；

　　‧一旦成功，其基礎科技的價值就會飆升。

　　多數矽谷創投公司的投資標的，都只集中在網路和軟體公司、替代能源或生物科技等特殊的利基議題，創辦人基金則採取較為寬廣的策略，瞄準以下產業領域中的投資可能性：

　　‧生物科技；

　　‧消費者網路和媒體；

　　‧人工智慧；

　　‧航太和運輸行業；

　　‧分析和軟體；

　　‧能源。

　　Stemcentrx 生物科技新創公司就屬這些「大咖」之一。2012 年，創辦人基金率先投資 3 千萬美元給這家市值評估有 3 億美元的新創公司。2016 年，Stemcentrx 以 102 億美元出售給藥業龍頭艾伯維（AbbVie），這家來自舊金山的生物科技公司有 5 種用於攻擊和消除癌症幹細胞的藥物正在進行臨床試驗。辛格曼在出售交易成功後，接受《財富》雜誌訪問時說明隱藏在背後的成功祕訣：「我們不是航太專家，如果沒有伊隆‧馬斯克，我們不可能成立 SpaceX。」Stemcentrx 的情況也是如此：「我們也不是癌症專家，但該公司的創辦人如此堅信。」必要時，創辦人基金也將不遺餘力，多方徵詢專家的意見進行審查

（專業性審查）。在 Stemcentrx 投資案上，他們徵詢了腫瘤學者和臨床腫瘤學家的意見。當這些保守的學者說 Stemcentrx 應該會成功時，辛格曼和其他同事認為那就是投資的訊息。這個投資很值得，創辦人基金從這場交易獲利約 17 億美元。

2016 年的這件華麗出售案，也讓創辦人基金於同年關閉該公司高達 13 億美元的第六支基金。創辦人基金管理的資產近來已超過 30 億美元。

創辦人基金的投資標的包括 Palantir、SpaceX、Airbnb、Spotify、Stemcentrx、Stripe、臉書、Zocdoc、Lyft、Radius、Quantcast、Flexport、Oscar 和 ResearchGate。

Valar Ventures 風險投資公司

提爾、安德魯・麥考馬克（Andrew McCormack）以及詹姆斯・菲茨葛拉德（James Fitzgerald）在 2002 年共同成立了 Valar Ventures 風險投資公司——名稱同樣來自托爾金的創意。提爾在公司擔任戰略顧問和導師的角色；麥考馬克於 2001 年加入 PayPal，協助提爾進行掛牌上市的準備事宜；菲茨葛拉德曾擔任提爾投資公司的總法律顧問，協助提爾處理其私人和各種國際活動的事務。

Valar Ventures 在紐約的總部位置是特別挑選的。和許多僅在車程兩小時的範圍內尋找新創投資標的的矽谷創投公司不同，Valar Ventures 放眼全球，其投資目標區域除了美國以外，

還有英國、歐洲、加拿大、澳洲和紐西蘭。

　　Valar Ventures 瞄準軟體、軟體即服務（SaaS）、金融科技和具有市場特色的新創企業等領域的高利潤行業。一般而言，他們會在投資標的草創初期就進場，日後的融資活動時還會再加碼。

　　根據 Crunchbase 產業數據庫服務的資料，截至目前為止，Valar Ventures 已取得投資人 2 億美元的資金，在 25 個公司共有 43 個投資案。

　　Valar Ventures 因投資數個破壞性金融科技公司而引起各界關注，如他們投資英國的金融新創公司 TransferWise，該公司以非常優惠的條件，提供外籍人士或移民身分的客戶，匯款給祖國家人的方案。在德國，他們則是因為投資 Number26 和 EyeEm 兩家柏林的新創公司而聲名大噪。Number26 是一家完全以應用程式為基礎的全新銀行，EyeEm 則是領先的線上拍照社群，深受喜歡拍照族群的青睞。

　　最近 Valar Ventures 投資美國的金融科技 Stash。這家快速成長的新創公司以其 mobile-first 平台吸引沒有時間又沒有興趣研究投資議題的「新一代投資者」。他們瞄準的是銀行和投資公司目前無法觸及的目標族群，因為相關業者通常會認為這一群人對利潤的貢獻度不高。Stash 根據「歷史績效、手續費、風險簡介和資產配置」為基礎，推出約 30 支「指數股票型基金」（ETF）供投資人選擇。

Y Combinator 創投公司

「Welcome Peter!」2015 年，矽谷最具影響力、知名度最高的新創孵化器 Y Combinator 創投公司的執行長山姆・奧特曼（Sam Altman），輕鬆地跟兼職合作夥伴彼得・提爾打招呼。這家以投資種子階段初創公司為業務的孵化器，最知名的投資就是 Airbnb、Dropbox 和 Stripe；這三家新創公司目前市值已突破 10 億美元大關，且在不久的將來極有可能掛牌上市。提爾也透過創辦人基金在 Airbnb 和 Stripe 投入可觀的資金。

Y Combinator 原則上不會接受另外還幫其他投資公司工作的人為合作夥伴，但他們為提爾破了例。山姆・奧特曼表示：「彼得太優秀了，所以我們必須為他破例。」為了避免利益衝突，提爾和其投資公司會在新創公司「育成發表日」（Demo Day）3 個月後，才會考慮是否投資參與育成發表的新創企業，這對雙方都是雙贏的結果。

對 Y Combinator 而言，有了提爾的加盟，等於獲得了一位知名的科技專家暨投資人；而對提爾而言，則是掌握更多全新潛在投資候選標的的選擇性。奧特曼從創辦人保羅・格雷厄姆手上接任執行長一職後，為這個孵化器開拓了更寬廣的視野，投資目標不再局限於網路和軟體新創公司，還積極尋找生物科技或再生能源等領域的新創公司。最近，Y Combinator 投資了一家開發新式核融合反應爐的新創公司，引發各界關注——眾所皆知，提爾向來支持先進的核融合反應爐技術。

　　由於山姆‧奧特曼反對川普和其政策，因此提爾與 Y
Combinator 的合作讓人感到訝異。但無論如何，奧特曼堅持
與提爾合作，他的理由是「用溝通取代無互動」，因為「大多
數人認為這個國家大約有一半的人已被嚴重誤導」。在奧特曼
的堅持下，該公司也將非營利性新創公司納入其投資計畫。
2017 年 1 月，奧特曼將成立於 1920 年的美國人民自由聯盟
（American Civil Liberties Union, ACLU）納入計畫中，此舉
跌破眾人眼鏡。對 Y Combinator 而言，ACLU 當時雖然已成立
97 年，但它代表另一種形式的新創公司。最近，該聯盟的會員
數在半年內從 40 萬增加到 160 萬人，獲得高達 8,300 萬美元的
捐款。ACLU 是目前反對川普政府最有力的組織。2017 年 1 月，
在該組織的抗議之下，川普透過法令生效的特定回教國家公民
入境禁令在一天之內宣告解除。奧特曼表示：「科技產業的現
狀是讓許多美國人感覺自己停滯不前的罪魁禍首之一，但我不
認同川普解決這個問題的方式。」

7

科技必須自權力中解放：
追求自由的世界觀

/ / / / /

我仍堅持青少年時的信念：人類真正的自由是最高利益的先決條件。
我反對沒收性賦稅、極權主義制度和人必然死亡的意識型態。
基於上述所有因素，我仍自稱為「自由主義者」。
—— 彼得‧提爾

未來的出路：為自由創造新空間的三大科技

　　對彼得‧提爾而言，個人自由是人類的最大財產。他認為
政治和法律限制了開明人類對自由和進步的熱愛。2009 年春
天，他在備受矚目的〈自由主義者的教育〉（The Education of
a Libertarian）中，毫不掩飾地闡述他對政治和世界的看法。

　　如該文一開始所說，他一向反對沒收式賦稅、極權主義制
度以及「人必然死亡的意識型態」，這些想法自他青少年時期
以來就不曾改變過。

　　提爾談及他在 80 年代末主修哲學，深受「施與受」的辯
論所吸引，以及渴望透過政治手段實現自由的學生生活。他成

立《史丹佛評論》的宗旨在於挑戰校園盛行所謂的正統觀念。
然而自我批判能力極強的他發現，與他和戰友所投注的精力相
比，所得成果可說非常貧瘠。「所有論戰就像是第一次世界
大戰西線戰場的壕溝戰，死傷慘重，但卻無法直搗辯論的核
心。」

90 年代，當他在曼哈頓擔任律師和對沖基金經理人時，
他開始了解，「爲什麼很多人在念完大學之後夢想幻滅」。對
許多人來說，這個世界「似乎太大了」，「與其隻身對抗宇宙
的殘酷差異性，許多懷才不遇的同僑轉而專注在他們的小花園
裡」。提爾發現，智商愈高，對自由市場經濟政策的保留態度
就愈明顯。根據他的文章所述，教育程度高的保守派常以酗酒
來表現這一點，而聰明的自由主義者則尋找酒精以外的藉口。

有鑑於 2008 至 2009 年的經濟和金融危機，自詡爲樂觀主
義者的提爾，認爲自由主義政策的前景堪慮。房地產泡沫的破
滅、雷曼兄弟銀行倒閉以及隨後汽車製造商通用汽車公司和保
險業巨頭 AIG 等模範企業的臨時國有化等，都是自由主義思想
家難以接受的事實。那是 1929 年以來最大的經濟和金融危機，
金融市場陷入深淵。政府唯有如提爾所說，針對導致泡沫破滅
的主要罪魁禍首展開大規模干預，才能成功因應。但可想而
知，政府勢必會大舉新債，以及在銀行和保險產業制訂更多新
的規範。這場危機的始作俑者，就是過重的債務負擔，其又在
政府的支撐之下，爲其高風險投保。而今這個問題必須透過舉
新債以及更多的國家干預才能解決！「對於 2009 年就是自由

主義者的人而言，政治的擴展只是徒勞無功罷了。」

　　但更糟糕的是，「趨勢已經走在錯誤的方向很久了」。國家的經濟和金融政策干預愈來愈多，進而也控制了金融市場。歷經過政府大規模干預以及 2008 至 2009 冬季的補救措施後，提爾在他的文章中提及 1920 至 1921 的經濟危機。美國政府當時未插手干預，此舉以「熊彼得的創造性破壞」式風格，導致了短暫且激烈的危機，但最終形成了被稱之為「咆哮的 20 年代」的繁榮世代。提爾不再相信自由和民主是相容的。對提爾而言，資本主義和民主的矛盾，主要是因為 1920 年以來福利國家的增加以及婦女的選舉權。

　　提爾最後得出一個令他不得不臣服的結論：政治是我們這個世界未來的理想途徑。「在我們這個時代，自由主義者的偉大使命在於從政治出發，找到各種型態的逃離出路。」但這樣還不夠，這個「逃離」必須超越政治，我們必須開發能夠嘗試新型態的社會和經濟生活的「蠻荒領域」。但由於地球上的每一吋土地都已經被開發了，所以他將專注在開發「能為自由創造新空間」的新科技上。

　　提爾最重視的三大科技為：

網路空間

　　提爾曾說，身為企業家和投資者，他將「專注在網際網路上」。他希望藉由 PayPal 創造一種「不受政府管制以及不會縮水的」全新世界貨幣，廢除國家現有的貨幣主權。他於 2000

年投資的臉書形成了「與民族國家無關」的新型態社群空間，
這種全新的虛擬世界將改變社會和政治秩序，例如 2016 年的
美國總統大選就受到社群媒體極大的影響，基本上就是相關利
益者巧妙地應用臉書和推特，左右了大選的結果。本書稍後會
有更詳細的探討。值得注意的是，目前擁有大約 20 億會員的
臉書其影響力之大，足以明顯影響到提爾所說的社會和政治秩
序。雖然 PayPal 尚未成功導入獨立的貨幣，但隨著比特幣的
出現以及全世界對電腦挖礦的熱潮，社會上也出現了破壞性變
化，足以改變貨幣政策的傳統國家結構。

航太

　　航太為提爾提供了一個「無限制地擺脫世界政治的可能
性」，但它的進入門檻超高。火箭技術從 60 年代至 2009 年
的進展不多，所以太空的未來「幾乎無法實現」。要實現商業
太空旅行必須「加倍努力，但對於其所需的時間長度，我們也
要實際一些」。提爾的結論是，就如美國科幻小說作家海萊
因所說，自由主義者的太空未來「不可能在 21 世紀後半葉之
前實現」。提爾的創業投資基金目前是商業太空旅行的大型
金融家之一。他高額投資他的 PayPal 合作夥伴伊隆・馬斯克
所創立的太空旅行公司 SpaceX。SpaceX 這家新創企業一開始
被譏為無稽之談，但近來卻因為 SpaceX 致力於全新的技術和
程序方法，讓該領域的兩大龍頭──美國國家航空暨太空總署
（NASA）和歐洲太空總署（ESA），倍感壓力。2017 年，

SpaceX 成功開發可重複使用的火箭組件，朝著大幅壓縮載運至太空的成本以及征服火星邁進。

海上家園

提爾認為，在極端的網路空間和太空之間存在著海洋殖民的可能性。「海上家園」意指在海上為人類創造永久的生活空間，擺脫國家對這些領域的影響力。早在 2009 年，提爾就認為這項技術已經達到可商業化的成熟度，且根據他的看法，在不久的將來就會商業化。「這是一種很務實的風險，因此我高度期待並支持這項計畫。」過去這幾年，與上述臉書和 SpaceX 兩項投資不同，海上家園的投資顯得安靜許多，提爾於 2014 年接受彭博社記者愛蜜麗‧張專訪時表示，這對他而言只是「很小的子計畫」，且它的實現「還在遙遠的未來」。

提爾結論道，我們身處「政治與科技的激烈拉鋸戰之中」，「未來不是更好就是更壞，但未來的問題事實上仍有無限的可能性」。與政治不同的是，個人可以在科技中產生一點作用，進而創造差異性。提爾最後預測：「世界的命運可能取決於某個人的努力，例如他讓機器行動自如，確保了資本主義世界的安全。」在提爾講完這番話約 10 年後，我們難道沒有在馬克‧祖克柏本人以及他遍及全世界的臉書網絡中，找到「美麗新世界」的創始者和救贖者嗎？祖克柏希望我們最終能夠透過網路空間，進入人們宣稱更美好、更先進以及更繽紛的虛擬世界，或許就能以更舒適的方式解決虛擬與現實世界的差

異性，如他在 2017 年 4 月接受瑞士商業雜誌 *Bilanz* 專訪時所說：「轉移我們對周遭環境注意力的智慧型手機，也讓我們忽略了老舊又疲弱的周遭環境。紐約的地鐵網已經超過 100 歲，我們的基礎設施絕大多數也都跟不上現代化的腳步了。」我們在數位化的逃避主義中，是要漠視或解決現實世界中的真實挑戰呢？

提爾期望他的文章能夠引發各界反應，而他確實也沒有失望。然而，各界的回饋大多與文章內容所提及的網路空間、海上家園或自由主義政治等議題無關，而是針對性別差距背景下的選舉行為。提爾強調，他關心的並不是某一族群被剝奪或扣留選舉權，「我不期望選舉能讓事情好轉」。他認為政治干預了太多領域，他無法理解民眾因為吸食微量毒品而被判監禁，但同時辛苦賺來的錢又要被迫納稅，來拯救「無情」的金融機構。

「政治惹怒百姓、破壞關係，並讓民眾的視野變得極端；這個世界變成了我們對抗他人、好人對抗壞人。」提爾認為，這就是自由主義者迄今在政治上建樹不多的原因。所以他建議：「我們應該將精力專注在被視為烏托邦的其他和平計畫上。」

很顯然，勇於超越極限且樂觀無極限的提爾也超越了自己。他在 2016 年春天公開為川普站台、在財務上贊助他，並於 2016 年夏天在共和黨提名黨代表大會上做了一場激昂的演說，呼籲眾人支持川普帶領下的新美國。於是提爾成為勝利的

一方，他與員工一起進入白宮，擔任川普政府在經濟、科學和創新等方面的重要心腹和技術顧問。相較於 2009 年的沮喪氛圍，這是巨幅躍進。這印證了提爾來自新創世界的座右銘：沒有什麼是不可能的！提爾不只是自由主義者，同時也擁有矛盾對立的靈魂。勇於承擔巨大風險的人得以賺取鉅額利潤。對提爾而言，他身為川普政府的外部顧問，擁有「千載難逢的機會」，能讓他如此深愛的美國重新走向科技美德的道路，並將它形塑成兼具現代化和創新的國家。

「我們想要飛行車，結果卻得到 140 個字元」

　　想在風險投資領域中脫穎而出，或是在優秀的創辦人和新創企業家中以與眾不同的形象得到關注，你要做的不僅僅是籌募資金。第一個網路瀏覽器的開發者、網景通訊的創辦人，也是近來成為安霍創投最具影響力的風險資金投資人馬克・安德森，在他的文章〈軟體正在吞噬世界〉（Software is Eating the World）中，以深入人心的方式證實了這一點。安德森表示，未來所有產業都將使用軟體進行重組，新企業高速竄起，現有企業則快速邊緣化。例如蘋果和 Google 在行動領域有軟體優勢，而早期該領域的龍頭諾基亞早已式微。媒體、貿易和物流也一樣，亞馬遜和 Netflix 等軟體驅動的平台占據了既有業者的優勢。安德森的文章同時也是他創投基金的投資心法。他主要

的投資標的是：以軟體驅動為主軸，改變世界，進而威脅既有業者的空間或甚至開創新市場的新創企業。

提爾與他的 PayPal 同事肯‧豪利和盧克‧諾斯克共同創辦的創辦人基金也不落人後。2011 年他們在創辦人基金網頁上發表了〈未來怎麼了？〉宣言，但真正令人印象深刻的是其標題：「我們想要飛行車，結果卻得到 140 個字元。」這句話源自於提爾不時提出的社會缺陷，因為科技進步明顯趨緩，過去幾十年來，除了電腦和網路工業以外，鮮少有創新躍進的進步。他認為這個世界需要更多有雄心壯志、願意接受真正科技挑戰的新創者，而不是複製第二十個社交媒體的新創企業。提爾接受 Bilanz 專訪時強調，這句話並非針對推特：「推特是成功的企業，臉書更是如此。但光這樣或許還不足以讓我們的文明升級。科技的目的在於不斷地改變，但現今，科技形同與網際網路、電腦、智慧型手機以及行動網路等資訊技術劃上等號。我擔心，科技視野的窄化將無法真正推動我們的社會前進。」提爾及其同事所提及的系統批判，其對象也包括金主——創投投資人。

這份宣言的出發點，也代表著其他風險資本投資者的創辦人基金有兩項主要和彼此相關的利益：其一，支持科技進步作為工業化世界成長的驅動力；其二，進而為投資者取得非凡成果，而這正是「風險資本投資」概念最原始的核心。

60 到 90 年代間，這兩者的搭配非常成功。60 年代，投資新興半導體產業搭配英特爾達到尖峰；緊接著 70 年代，則

是生物科技、行動通訊企業和網絡企業；最後輪到 90 年代網際網路公司的輝煌時期。這些科技的共通點是都具備高度的技術和經濟風險，這些公司早期也非常懷疑自家產品是否能夠成功，正如 IBM 和迪吉多等電腦集團的董事早期所說，因爲他們只看到有限的電腦銷售額潛能，萬萬沒有預料到電腦竟然能滲透到每個家庭裡。不僅半導體企業，就連新興電腦工業的企業如蘋果與微軟，在創業初期對於未來前景也都是忐忑不安的。然而傑出的工程技術與投資密不可分，這個不成文的法則卻是永遠成立。

只是這個情況在 90 年代末徹底改觀了，根據創辦人基金宣言所言，很多創投組合不再瞄準技術突破的企業，而是那些只提供些微進步或甚至僅提供顯而易見解決方式的企業。在千禧年之際的股市泡沫中，無論產品品質或公司未來經濟前景如何，幾乎所有科技股的股價都大幅上漲。創辦人基金認爲，這正是爲什麼許多創投基金無法爲他們的投資者賺錢，以及這個產業瀕臨「崩壞」的原因。

因此，創辦人基金在其宣言中明確聲明，未來將投資在擁有完善技術基礎和獨特性，無論資本市場如何波動，也能夠提供永續性收益的企業。創辦人基金的標的包括亞馬遜和臉書等企業。亞馬遜以推薦客戶清單和物流顛覆創新，而臉書的獨特性就是可規模化的高性能網絡平台，讓約 20 億用戶即時經營其社交圈。

然而，真正技術性突破的願景和信念在哪裡呢？

　　該宣言提出「還有尚未被發掘的真正技術嗎？或我們已到達歷史中科技終結的終點線了嗎？」這些問題，並非無的放矢。人類確實曾經擁有偉大的想法和願景，該宣言便以 50 年代關於核動力汽車的概念研究，以及 1968 年即預見人類將實現商業太空旅行和使用人工智慧的英國物理學家暨科幻小說作家亞瑟‧克拉克（Arthur C. Clarke）爲例。

　　創辦人基金的答案是：「60 年代的人們所期待的未來，依舊是半個世紀後的我們引頸期盼的未來。現在的我們沒有寇克艦長（Captain Kirk）駕駛星艦企業號（USS Enterprise）帶我們翱翔於浩瀚的太空，只有可以比價的旅遊網站 Priceline 和飛往卡沃聖盧卡斯（Cabo San Lucas，位於墨西哥的南下加利福尼亞州半島）的廉價航空。」

　　因此，創辦人基金的投資領域包括以下產業：

‧ 航太以及運輸產業；

‧ 生物科技；

‧ 分析和軟體；

‧ 能源；

‧ 網際網路。

　　但其實上述產業也不是那麼高不可攀，因爲根據創辦人基金：「優秀的企業能開創自己的新市場。」而這正中提爾下懷，因爲他一直在尋找具有壟斷技術的企業作爲投資標的。

　　當大多數的風險投資公司專注在低風險投資時，創辦人基金和提爾則在尋找企圖藉由革命性科技讓世界更美好的企業。這項明確的宣言代表創辦人基金以科技爲主軸的投資政策，同時也藉此區隔盛行的華爾街金融世界，以及在投資決策上僅以Excel表格爲基礎，而非根據投資產品的技術專業知識的大多數矽谷公司。

自詡爲知識分子的傲氣：影響提爾最深的著作

　　彼得‧提爾是一位專精政治、哲學、經濟和科技的知識分子。和很多其他矽谷名人不同的是，他的世界觀並不是建立在單一科學基礎上，因此他能洞悉全局。他的投資具有其數十年累積的穩健原則基礎。他和投資傳奇人物華倫‧巴菲特以及查理‧蒙格很相似，對閱讀都十分熱愛。巴菲特鍾愛他的老師班傑明‧葛拉漢（Benjamin Graham）的著作《有價證券分析》（*Security Analysis*），提爾則對在史丹佛任教的法國哲學家勒內‧吉拉爾的著作愛不釋手。提爾在剛進入史丹佛大學主修哲學時認識了吉拉爾，並認爲他是當代僅存的博學者之一。

　　提爾認爲，《世界起始便隱藏的事物》是吉拉爾最偉大的著作。提爾即便對哲學頗有研究，但讀起這本書也頗爲吃力。「不是因爲內容太艱澀，而是因爲內容太緊湊。」提爾在接受《商業內幕》雜誌採訪時說道，因此最好從自己最喜歡的

文化開始閱讀。吉拉爾其實也不想讓讀者太安逸，他在該書第一頁就警告讀者，他是「故意要讓讀者妥協」。吉拉爾的關鍵概念是所謂的「模仿理論」。他認為人類的大多數行為是基於模仿，而模仿是不可避免的，而其原則是：我們之所以會做我們所做的事情，是因為其他人也這麼做。這樣的後果就是「我們所有人都在競爭相同的事物——同一間學校、同一個工作機會和同一個市場」。因此競爭造成利潤的稀釋，這是提爾發表〈競爭是留給失敗者的〉這篇挑釁性文章的源由。

　　吉拉爾的這本著作以模仿和競爭為主軸，以對話方式陳述吉拉爾回應兩位精神科醫生的問題。他們對話的議題範圍很廣泛，主要包括人類學、宗教、文學和精神分析，但也涉及有關社會和文化的現代化理論。競爭也會導致社會衝突和暴力，著名的科學期刊《哲學與文學》（*Philosophy and Literature*）認為勒內‧吉拉爾是「這個時代少數能改變我們對『自己是誰』以及『來自何處』的想法之科學家」。

　　提爾曾在 Reddit 網站上提及他最喜歡的書籍，他偏愛的類型是「來自過去論及未來的書籍」。以下是讓他印象最為深刻的著作：

法蘭西斯‧培根：《新樂土》

　　《新樂土》（*The New Atlantis*）出版於 1627 年，也就是作者法蘭西斯‧培根（Francis Bacon）去世隔年。這本書匯集了他的多篇文章。英國在維吉尼亞（Virginia）、紐芬蘭

（Neufundland）和加拿大東北部建立殖民地時，培根扮演了主導的角色。這本書大約寫於 1623 年，就在培根的政治生涯走下坡之後。他在這本書中，描述了一個被擱淺在祕魯太平洋西部的歐洲船隻船員所發現的神祕島嶼本薩棱（Bensalem）。島上居民品德高尚，爲人正直。公務人員不收取賄賂，島上宗教多元且自由，非常重視國家贊助的科學研究所「所羅門之家」（Salomons House）。慷慨、開明、尊嚴和繁榮，加上宗教信仰和公衆氛圍，營造出培根身爲政治家最期待的祖國理想景象。培根藉由對「所羅門之家」的描述，呈現出一個藍圖和一種類似現代化研究型大學的基礎和組織型態，以及最新發明和發現的原始模型。據說英國皇家學會（Royal Society）之創立就是源於本書和其他的文字紀錄。

尚—雅各・塞爾旺—施賴貝爾：《美國的挑戰》

「權力的象徵和工具不再是武裝軍團或原物料或資本……我們追求的富裕榮景不在地球或無關人數多寡或機器，而是在於人類的心靈。」暢銷書《美國的挑戰》（*The American Challenge*）作者尚—雅各・塞爾旺—施賴貝爾（Jean-Jacques Servan-Schreiber）的這番話，現在聽來比以往更具意義。塞爾旺—施賴貝爾在二次大戰時，曾是戴高樂法國軍隊的戰鬥機飛行員，戰後先在巴黎《世界報》（*Le Monde*）擔任外交政策編輯，後來創辦了以《時代》雜誌爲藍本的偏左派新聞雜誌《快報》（*L'Express*）。塞爾旺—施賴貝爾在 1967 年出版的《美

國的挑戰》中，警告歐洲不要最終淪為美國的殖民地，但歐洲政界直到 2017 年見識到川普的新政治風格，才痛苦地意識到這一點。長久以來，歐洲在此起彼落的小紛爭中變得渺小，總是希冀得到美國老大哥的援助。

這本書出版後立即成為暢銷書，光在法國就銷售了超過 200 萬本。該書在全球共有 16 個語言譯本，在共計 26 個國家銷售高達 1,000 萬本。

塞爾旺—施賴貝爾以這本著作領先於當代，他對歐洲、工業化以及全球化經濟的數位化看法，比法國目前的政治局勢更先進、更值得一讀。諾貝爾經濟獎得主保羅‧克魯曼（Paul Krugman）教授在他為該書電子版所寫的序言中，讚譽這本書是「一整個世代的精髓」，我們很想生活在塞爾旺—施賴貝爾「所描述的世界」裡。世界經濟論壇創辦人克勞斯‧史瓦布（Klaus Schwab）認為這本書不僅改變了「歐美關係的遊戲規則，也為國家競爭力提供了一種全新和創新的概念」。對史瓦布而言，本書也是他「創辦世界經濟論壇的催化劑」。

「塞爾旺—施賴貝爾首先描述他對美國快速繁榮的大膽願景，雖然這個結果在當時似乎是無可避免，但半個世紀後，我們還是遠遠不及那個未來。他這本突破性著作的再版，在在向我們這個停滯的社會聲聲呼喊，重新找到回歸 20 世紀 60 年代樂觀未來的方向。」提爾說道。

就連川普在他的總統選戰中也不時提及 60 年代的輝煌時期——當時的美國活力四射、廣大的中產階級生活富足、未來

展望無限美好。提爾認爲這段時期具有非常濃厚的科技突破性氛圍，如登月計畫等願景就是在 60 年代由約翰‧甘迺迪總統推動催生，並在 60 年代結束前，隨著尼爾‧阿姆斯壯（Neil Armstrong）和伯茲‧艾德林（Buzz Aldrin）踏上月球而實現。隨著阿波羅計畫、半導體以及電腦工業的成功而有巨大進步的航太技術也是一大功臣，否則這麼複雜的任務也不可能會實現。

値得一提的是，本書德文版於 1968 年發行，由時任德國聯邦財政部長的弗朗茨‧約瑟夫‧施特勞斯（Franz Josef Strauss）寫序。同年，塞爾旺—施賴貝爾也爲施特勞斯的著作《挑戰與答案：歐洲計畫》（*Herausforderung und Antwort: Ein Programm für Europa*）寫序，作爲回報。

諾曼‧安吉爾：《大幻覺：軍事力量與國家優勢關係研究》

回顧 20 世紀，上半葉發生了兩次殘暴的世界大戰，歐洲變成了廢墟，並被鐵幕分隔了數十年之久，情景與諾曼‧安吉爾（Norman Angell）的著作《大幻覺：軍事力量與國家優勢關係研究》（*The Great Illusion: A Study of the Relation of Military Power to National Advantage*）的預言非常相似。安吉爾撰著這本書是在 1910 年左右，也就是在英國與德國這兩大歐洲強權勢均力敵的氛圍之下。兩國在軍備上，特別是在戰艦軍備方面，互別苗頭。兩國政府和政治家遵循「血與土」的教義，意圖征服新國土，爲其不斷增加的人口開創新的生活空間

和富裕生活。

德國視殖民地遍及全球的大英帝國爲偶像。曾因擔任記者、作者和工黨議員而有知名度的諾曼‧安吉爾，在第一次世界大戰前夕發表了與時代精神相反、幾近破壞性的想法。

他認爲，堅持唯有強大的軍事力量才能爲人民創造未來榮景的執政者，是大錯特錯。占領新國土對戰勝國的人民並無益處，只是一場零和遊戲，戰爭的結果只有失敗者。當時的安吉爾已經預想到，經濟和金融產業將會超越國界而緊密連結，達到全球密集交織的程度，一旦有任一強權以武力干預，就可能造成龐大的經濟性附帶損失。安吉爾在他這本非凡且高瞻遠矚的著作中提出警告，美國也同樣會受到歐洲衝突所影響，因爲美國與歐洲國家之間的經濟和金融關係，當時便已密不可分。

事實上，第一次世界大戰之前的世界經濟正面臨巨大的全球化趨勢。現今稱之爲新創企業的新興企業，如電子專業的西門子、生產無縫管道的曼內斯曼（Mannesmann）以及巴斯夫化學公司（BASF）正逐漸躍升爲世界集團的規模，利用國際化所帶來的機會在世界各地設立子公司來擴展業務。

安吉爾的這本書立即成了暢銷書，除了英國之外，在美國、法國和比利時，甚至連在德意志帝國都造成了轟動。翻開安吉爾那個年代的主要報紙，無論是英國、美國或德國，處處可見當代政治評論家對安吉爾的讚譽。因此，對於現今的我們來說，更令人詫異的是，短短幾年後，相同的媒體又在振奮的軍樂聲中隨著第一次世界大戰敲鑼打鼓。

本書在 1933 年重新出版後，安吉爾榮獲諾貝爾和平獎。在《大幻覺》首次出版 100 年後的現在，這本書比任何時候都更值得拜讀。這一路以來，安吉爾為我們提供了重要的資訊，在我們這個全球化和相互連結的世界裡，根本容不下任何戰爭和紛爭。如果 100 年前的執政者能接納安吉爾的建議，人類就能免除這麼多的痛苦和傷亡。

尼爾・史蒂芬森：《鑽石年代：少齡淑女繪本啓蒙瓊林》

《鑽石年代：少齡淑女繪本啓蒙瓊林》（*The Diamond Age: Or, a Young Lady's Illustrated Primer*）是作家尼爾・史蒂芬森的科幻小說，描述先進資訊時代對未來影響的展望。本書的核心是建築計畫的產權，這些計畫象徵編譯商品的資訊。「編譯」這個詞源自於計算機科學，意指將程式代碼翻譯為電腦可執行的機器可讀指令。在這本書中，奈米科技扮演著一個功能性的角色，它將資訊基礎設施的知識和產權帶入物質世界。

在史蒂芬森所描述的未來裡，民族國家基本上已無實質的功能。在所謂「物質編譯者」的作用下，奈米科技可以在任何地方生產所有想像得到的產品，還能建立全球資訊網絡，讓資金和交易自由流動，不受國家的干預，國家也因此失去課稅的主權。

想想看這本書是出版於 1995 年，也就是在第一家網路公司網景甫上市、網際網路蓬勃發展之際，正好啓發提爾在 3 年

後成功創辦了 PayPal。PayPal 的大願景就是建立不受國家干預的全新電子貨幣，而史蒂芬森在書中鼓吹不受地點限制的產品生產也將實現──統稱為工業 4.0 的 3D 列印、自動化和機器人解決方案等技術，是實現此願景的先決條件；「製造是一種服務」的概念也將成為現實。於是愈來愈多企業將工廠移回自己的國家，以更為靠近客戶。全新的生產程序搭配物流解決方案，例如亞馬遜已經開始試用無人機送貨，未來將可實現為客戶實時生產所需產品，完成後即可立即出貨的目標。雖然彼得‧提爾的 PayPal 未能成功建立一個獨立貨幣，但加密貨幣比特幣確實形成了另一種真實的投資工具。

　　本書書名所提及的繪本啓蒙書，落入了一位名為「奈兒」（Nell）的下層階級女孩手上。這本啓蒙書幫助她取得資訊，讓她得以隨著社會進步而成長。史蒂芬森在這本書中創造了許多現今在網路經濟中非常普遍且重要的概念。他藉由「種子技術」說明開源（OpenSource）運動的基本特徵：不受產權限制，可自由分享和自由存取資訊。彼得‧提爾的好友暨 PayPal 合作夥伴、電動車製造商特斯拉和 SpaceX 太空企業創辦人伊隆‧馬斯克，已於 2014 年宣布開放特斯拉的所有專利，此舉震驚各界。「我們的所有專利是屬於大家的。」馬斯克在他的部落格文章中寫道。他的理念是，讓全世界的技術產業了解他的技術發展，加快推動電動車的腳步，並能藉此對既有汽車製造商施壓，迫使他們積極改變。對馬斯克而言，知識分享有助於促進創新，讓所有人全贏。

　　所謂的「外飛地」在這本書中也扮演了重要的角色，New Atlantis 和 Nippon 是其中兩個最重要的外飛地，但很難猜出其背後代表的意義。New Atlantis 代表盎格魯撒克遜的經濟菁英，類似古時候的貴族角色。史蒂芬森也在本書中預言了財富分配不均逐漸惡化的情形。自本書於 90 年代中期出版以來，因網路新技術和全球化所帶來的商業機會，財富分配不均的情況確實更形惡化了。

8

政權背後：
川普的顧問，還是「影子總統」？

//////

我以身為同性戀為榮，我以身為共和黨員為榮，但我更以身為美國
人為榮。
—— 彼得・提爾

究極的逆向思考：資助川普

　　彼得・提爾壓寶川普，再次證明他是正確的。當所有資深
政客和評論家一面倒地預測希拉蕊・柯林頓將贏得美國總統大
選之際，提爾仍相信大選結果會有其他的可能。

　　這是因為他的分析認知？或是他和許多專家的意見不同，
知道改變的時機已經成熟？雖然這是進入未知的改變，但人們
不想要再用和過去 20 年相同的方法前進了嗎？提爾具備科技
企業家和投資人的經驗，非常了解破壞性新創公司的正確時機
何時到來。對他來說，川普就是一種「破壞性變革者」，而川
普政府就是「取代舊有商業模式的新創公司」。

　　提爾一向秉持逆向思考，喜歡冒險，偏好投資其他人不相

信的新創公司和商業模式。壓寶川普並不是冒險的無知賭注，因為「畢竟有一半的美國人支持川普」。只是川普普遍未獲得矽谷人的支持，因為他採取幾近封閉的限制性移民政策，再加上他強迫蘋果回美國生產 iPhone 的言論，更是對矽谷人的反對聲浪火上添油。

提爾過去一向支持非主流派候選人，如惠普前老闆卡莉‧費奧莉娜（Carly Fiorina）或右翼保守派榮‧保羅（Ron Paul）。與許多其他人不同的是，提爾看到了「關鍵轉折點」，也就是關鍵數量的民眾希冀改變以及與舊有系統決裂的時機點。所以照這樣看來，壓寶川普對他來說才是不尋常的，因為他是「真正有獲勝機會的非主流派人物」。

提爾多年來不厭其煩地在各種專訪中強調，美國已「殘破不堪」，只剩下自己的影子。他很感謝川普在選戰期間談論此問題，並將其當成核心議題。川普不僅採用了雷根當年的競選口號「讓美國再次偉大」，諷刺的是，他也引用了柯林頓 1992 年在總統選戰時用來批評老布希的口號：「笨蛋！問題在經濟。」結果川普在過去一向是民主黨堡壘的鐵鏽地帶（Rust Belt）大勝，給了希拉蕊和民主黨致命的一擊。希拉蕊以及華盛頓向來無所不知的政治預言家的選情誤判，原因在於他們以為美國社會在同性婚姻等議題的社會文化進步的推動下，正逐漸傾向左派。民主黨至今仍在努力消化選舉結果的後果，試圖重新尋找新定位。

但美國人已經受夠了「舊有體制」，提爾不時提及，「舊

有系統已經腐敗，無法運作，無法再進步」。柯林頓總統在任
時，網路經濟泡沫化；布希總統在位時，房地產泡沫化。雖然
並無直接證實其中的關連性，但選戰一開始的情勢是，2016 年
布希總統的弟弟傑布・布希（Jeb Bush）代表共和黨，和希拉
蕊・柯林頓代表民主黨的總統大位之爭，似乎是布希和柯林頓
兩家族的戰火延伸。如果他們兩人之一當選，扣除歐巴馬的 8
年任期，美國從 1989 年的老布希總統至 2021 年，就只有柯林
頓和布希兩家族掌權。特別是美國中西部人因數位化和全球化
感覺與社會脫節，對現今的政治早已失去信心。他們不認為這
場災難的始作俑者可以解決問題，當然也不會用選票送他們進
白宮。

提爾和川普的國家情勢報告有許多相符之處。提爾早在
2014 年與政治評論員比爾・克里斯托（Bill Kristol）的對話
中，就曾揭露各種政治亂象。政治最奇怪的是，問卷調查的重
要性竟然「高得這麼離譜」，但政治人物只想贏得選票；此外，
他們的問卷調查來源都是一樣的。他認為如果繼續維持現有趨
勢和想法，政治人物愈來愈不敢冒險。官僚文化的氾濫以及對
銀行和保險公司、發電、運輸、健康產業和製藥業等重要產業
過多的監管規定，將嚴重阻礙創新躍進。提爾認為，60 年代以
後只有科技產業得以進步神速，也是因為比爾・蓋茲或賴瑞・
佩吉和謝爾蓋・布林在自家車庫創業的初始階段，沒有任何監
管規範的阻礙。當時的政客汲汲於與「舊有經濟」的大企業打
交道，為未來鋪路，而且還更有宣傳效果。況且，他們對資訊

產業基本上也一竅不通。

　　政策的風險趨避和害怕無法連任的心態，導致政治人物忘記如何以新思維思考和投入大規模計畫。然而偉大的計畫必須傾政府之力才能執行，例如 40 年代的曼哈頓計畫（Manhattan Project，研發和製造原子彈）或 60 年代末的阿波羅登月計畫。

　　取而代之的是，政治被由法律研究者主導的巨大官僚機器所禁錮。大量的新法律和層出不窮的規範和監管規定阻礙了創新，進而阻礙了社會生活條件的進步。川普主張打擊華盛頓的貪腐和攀親帶故的關說亂象等政見不僅打中提爾，也觸及許多美國選民的心聲。兼具創辦人和投資人角色的提爾，對於新知一向抱持積極推動、不阻止或樂見其成的開放態度。因此他認為，任何監管規範都應具備友善經濟和創新的特性。他甚至還胸有成竹地建議：政府和公部門應聘用更多具備工程背景和科技創新專業知識的人才，而不是讓法律學者當道。

　　政治人物如果宣布幾年後人類能夠戰勝癌症，民眾肯定會以為他們瘋了。但提爾認為，必須要有偉大的願景，因為願景能藉由真正的創新提升人類的生活條件、帶動經濟成長達 3% 以上的速度，進而創造具備高價值和高薪的優質工作機會，還能為稅收和社會福利挹注更多金流。有了這些金流，就能為教育和基礎設施投入更多急迫且必要的投資。

　　美國新任勞工部長阿科斯塔（Alexander Acosta）也抱持相同的看法。他接受德國《商報》專訪時強調，美國目前的當務之急就是「提高生產力，並鬆綁經濟的官僚束縛」、消除美國

教育體系的赤字，以及永續性地強化「教育與企業需求之間的連結」，如此才能提升勞動市場的參與度。

提爾宣布為川普提供財務和獻策支援時，矽谷人撻伐聲四起。有人建議他辭去臉書監事會成員以及 Y Combinator 顧問的職位。由於提爾是 Palantir 數據分析公司的董事長和最大股東，而 Palantir 一向非常依賴政府和軍方的訂單，此舉雖然能讓他擁有更多籌碼，但也可能帶來負面效果。對身為提爾的好友、Y Combinator 執行長和川普反對者的山姆·奧特曼而言，那些對提爾的負面言論和敵意確實太過火了，評論家和政治觀察員不是常說，政壇急需外部經濟專家加入，為政界注入新血嗎？

提爾認為，矽谷「很奇怪」的是，很多成功的企業家和改革者都患有輕度的亞斯伯格症候群或類似疾病，說好聽是系統性批評。因為很多網路集團隱身在色彩繽紛的雄偉外牆後方，日復一日默默地累積數十億美元，就像華盛頓的政壇活在自己的泡沫之中，心忖著其他地方的事情與他們無關。

提爾雖然自認為是政治無神論者，但他不斷地透過創業重新調整自己的極限，並意識到「我們一直生活在一個理所當然、有其合理性的政治體制中」。因此，他認為應該「涉入」。「政治不是神，政治不是一切。」提爾說道。

近來，矽谷的一些名人似乎也對提爾的這個想法產生共鳴。蘋果執行長提姆·庫克在公布 2017 年第一季度數據後，宣布將成立 10 億美元的基金，推動美國創新的製造業。此舉

值得嘉許，畢竟蘋果境外帳戶目前仍有高達 2,570 億美元的未稅利潤，而每年向美國供應商的採購金額僅約 500 億美元。就連馬克‧祖克柏也表態，在他全美 30 州之旅時（這幾乎是美國總統大選初選的必備行程），將參觀底特律的福特車廠，展現他對提高自動化生產的重視。

全球化與不平等

許多政客和專家將創新和全球化混為一談，提爾不然；對他而言，全球化更像是「複製與貼上」，只是照本宣科地複製，然後換個地方再重新建構罷了。全球化和中國開放的契機源於 1971 年亨利‧季辛吉密訪鄧小平。中國過去 40 年如此華麗的追趕過程，名符其實地是世界之最。因此，川普認為美國工廠出走是導致中國崛起的最大罪魁禍首之一，蘋果數百萬支 iPhone 的銷售量就是鐵證。蘋果這棵搖錢樹背面印著全球化的最簡公式：「加州蘋果設計，中國組裝。」最能說明國際分工和跨越太平洋的全球供應鏈連結。

全球化讓人不禁想到世界經濟論壇和瑞士的達沃斯。40 多年來，每年 1 月初，全球工商、政治、學術、媒體等領域的領袖人物，齊聚於瑞士這個遠離市中心塵囂的滑雪勝地，針對世界面臨的緊迫議題彼此交換意見，久而久之形成了所謂的「達沃斯人」。每年不時會有反全球化分子到會場抗議示威，因此大會屢屢增加警力維護。但隨著英國脫歐以及川普贏得總統大選，世界經濟論壇和各界領袖也在尋找新的自我定位。德

國《商報》以「全球各界領袖與憤怒的民眾」為標題，鄭重呼籲出席的各界領袖：「西方社會需要新的黏著劑——在裂痕還能修補之時。」經常出席世界經濟論壇的提爾多年來也不時提醒，菁英階層與廣大社會民眾已嚴重脫鉤，彷彿各自搭乘不同航線的太空船般地漸行漸遠。

　　曾任柯林頓政府經濟顧問的美國經濟學家暨諾貝爾經濟學獎得主約瑟夫・史迪格里茲（Joseph Stiglitz），雖然隸屬於競爭對手的陣營，但他也對此深有同感。2017 年世界經濟論壇前，他接受《新蘇黎世報》專訪時談及美國的經濟情勢：「90%的美國人收入 25 年來沒有增長，約有 30% 的人收入甚至不如以往。美國人的平均壽命下降，這對於已開發國家而言是個可怕的資訊。1 年前，僅白人男性如此，但現在已擴及所有族群。只有 1% 的美國人生活富裕，其他 99% 的人則仍在與生活搏鬥。」他的說法與川普和提爾不謀而合。

　　史迪格里茲雖然是全球化的擁護者，但他在專訪中提到麻省理工學院的一項研究。「根據麻省理工學院的調查，自中國進口與美國不同區域的薪資和失業率的關連性為：中國進口的比例愈高，該區的薪資愈低，失業率愈高。」因此，川普政府主張審查美中雙方貿易關係的公平性，確實有其正當性。

　　分裂的美國分成兩個權力中心：東岸的紐約和西岸的矽谷。紐約遍布金融企業和國際性集團，代表全球化贏家；而矽谷則以科技企業代表創新贏家；兩中心之間的美國各州則常被不屑地稱為「飛過去就行的那些州」（Flyover States）。兩權

力中心受惠於其在國際上的特殊地位，帶動數以百萬、億萬美元的價值產生，而美國遼闊的其他地方則日益蕭條。因此，提爾不時提及資產分配不均的問題，再加上數位化和全球化的壓力，將導致美國嚴重的社會緊張局勢。

這種資產分配不均和社會緊張局勢也出現在提爾矽谷的家門口。2013 年冬天，Google 和其他科技公司的豪華巴士成了示威抗議者的目標。這些科技龍頭的大型遊覽車每天早上會將舊金山的員工載到南側的矽谷上班。愈來愈多在蘋果、Alphabet、臉書等科技公司上班、收入豐厚的員工喜歡住在舊金山市區，於是近來舊金山的房租、不動產價格和物價飆升，每月租金 4,000 美元的不在少數，再加上許多新創公司和科技集團將他們部分活動移至舊金山，情況也因此更雪上加霜。畢竟，舊金山是擁有近百萬人口的大都市，也是許多新創公司及其產品最理想的測試場。

近來，原本洋溢著超級樂觀氛圍的西岸籠罩著一股山雨欲來的暴戾之氣。經濟氛圍降到近年最低點，原因在於物價飆升，以及代表千禧世代的矽谷年輕員工的不滿情緒。矽谷附近的居民有超過 70% 認為，過去 6 個月的情況未見改善；約一半的人擔心，未來 3 年的趨勢可能會每況愈下。

美國人的流動性向來比歐洲人為高，超過 40% 的矽谷科技公司雇員有意搬離矽谷。「人才外流」的擔憂四起，Y Combinator 執行長山姆‧奧特曼在接受專訪時也抱怨，這裡缺少有利的居住條件。「從二次世界大戰的破壞復原後，人們開

始有能力組織家庭和買房。」奧特曼不愧是奧特曼，他拋出了一個值得深思的問題：「難道不能科技和法規雙管齊下，讓人人都買得起房嗎？」

對未來方向的指引：「讓美國再次偉大」

「我以身爲同性戀爲榮，我以身爲共和黨員爲榮，但我更以身爲美國人爲榮。」2016 年 7 月，在共和黨提名川普爲總統候選人的全國代表大會上，提爾以鏗鏘有力的語調，向黨代表闡述他的個人經驗和主張。提爾巧妙地將他的性取向結合在他的演講內容中，原本擔心同性戀議題可能引發的危機迎刃而解。演講結束後，觀眾激動地大喊「美國」「美國」。

提爾在這場 6 分鐘的演講中直搗核心，也不規避共和黨現在和過去的不足。這次活動地點在克里夫蘭，是提爾父母親和 1 歲大的他離開法蘭克福，初到美國展開新生活的第一站，對他來說跟回家一樣。

大會的最後一晚，提爾一身藍色西裝、藍色襯衫和藍銀色條紋領帶，在黨大會代表歡聲雷動的掌聲中，神采奕奕地步上演講台。他自詡爲新公司的「建設者」，將協助創新者開發社群網絡或太空船等新科技。「我不是政治人物，川普也不是。他是建設者。重新建設美國的時機到了。」他以自我批判的角度談起他生活和工作的矽谷，這個因電腦和軟體產業大躍進而

大發利市的繁榮之處。但問題是，矽谷只是一個小區域，在矽谷之外，看不到同樣的榮景。「美國的薪資偏低，華爾街的銀行家又在各處製造新的泡沫，從國債一直到希拉蕊的演說報酬都是。」

　　他對美國經濟狀況的評斷在這句話中達到最高點：「我們的經濟已經毀了。」這不是美國人對未來的夢想，他以自身家庭為例，說起他父母的故事：「我的父母當初為了尋夢來到美國，他們就在克里夫蘭這裡圓了夢，當時的美國遍地都有機會。」提爾的父親在凱斯西儲大學主修工程學，距離活動地點不遠。1968 年，當時不只有舊金山和矽谷之類的科技之都，「整個美國都是高科技的象徵」。「難以置信，但當時就連美國政府都是高科技。我到克里夫蘭時，國防部的研究為網際網路奠定了基礎。阿波羅計畫正在進行中，準備派一個人從俄亥俄州登上月球──那就是阿姆斯壯。當時的未來感覺浩瀚無邊。然而如今，政府已然崩壞。」提爾身為戰果輝煌的科技專家，用聳動的譬喻道破超級大國美國所處的悲慘處境：「我們的核能基地還在使用磁碟，我們最新的戰鬥機無法在雨中飛行。說好聽一點，我們的公部門軟體效能不佳，但其實是因為這些軟體根本不管用。」歐巴馬健保宣導時的尷尬情景也令人傻眼，官方網站因負荷不了蜂擁而至的查詢訪客，只得像呼叫中心一樣，發出訊息告知網頁訪客將暫緩轉連至網頁。提爾認為，對這個曾經執行過偉大曼哈頓計畫的國家，這絕對是可怕的警訊。「我們矽谷無法接受這樣的無能。」

提爾也對外交政策提出意見：「我們沒上火星，反倒進入中東。」關於希拉蕊的電郵門一事，提爾倒認為無關緊要，因為「她的無能顯而易見。她是利比亞戰亂的禍源，而今利比亞成了 IS 的練習場」。提爾告訴黨代表，川普說得對，應該「結束愚蠢的戰爭，重新建設我們的國家」。「我小時候，聽到大人熱烈討論如何打敗蘇聯，最後美國勝利了；但現在不時聽到人們激烈辯論的是哪種性別可以使用哪個浴室。我們已經偏離了真正的問題，但還有誰在乎？」提爾認為，性別議題是政客還能夠達成共識的最小議題。

對提爾而言，川普的「讓美國再次偉大」並非對過去的緬懷，而是對未來方向的指引。

「今晚，我呼籲我所有的美國同胞，投票支持唐納・川普！」

提爾在演講中提及科技停滯不前以及政府推動不力的事實，最引人注意的或許是，其實共和黨的喬治・布希政府在 2001 年停止了對人類胚胎幹細胞的研究，理由是胚胎也是值得保護的生命，即使胚胎來自實驗室而非子宮，也不應遭到破壞；共和黨籍的國會議員也限制太空總署和國家科學單位，在研究全球暖化上的資金。而共和黨過去在外交議題上，主張入侵伊拉克以及發動後續的戰爭，可說是中東緊張情勢升高的始作俑者。

因此，這次的演講也讓共和黨面對自己過去的錯誤，並在國際媒體前毫不留情地數落美國的現況。根據提爾的看法，共

和黨「傳統存在著盲目的樂觀主義，以及往往只看得到正面的
傾向」。

支持川普的理由：「因為他做對了大事」

提爾在美國全國新聞俱樂部發表演說不久前，公布將捐給
川普 125 萬美元，捐款金額僅次於捐贈 155 萬美元支持川普的
對沖基金經理羅伯特‧默瑟（Robert Mercer）（和女兒呂貝卡
〔Rebekah〕合捐），以及捐贈 200 萬美元的洛杉磯房地產開
發商傑佛瑞‧帕爾默（Geoffrey Palmer）。

提爾勇氣十足，勇於接受挑戰。但媒體對他的批評，並不
只是因為他支持川普而已。他之前曾暗助前職業摔角手霍克‧
霍肯的訴訟，擊潰八卦傳媒 Gawker，就被懷疑是因為他和
Gawker 原本就有嫌隙——該媒體幾年前曾報導提爾是同性戀。
因此媒體相信財力雄厚的提爾，足以在法庭上發揮影響力，貫
徹自己的想法。

因此，就在美國總統大選日前一週的 2016 年 10 月 31 日，
他在全國新聞俱樂部的演說和隨後的採訪便備受矚目，《紐約
時報》更形容他是「有毒」的科技投資人和企業家。

提爾眼前的觀眾是一群對選戰現況不滿的記者，因為很多
人「太驕傲」，且承認自己錯誤就等於「質疑自己的成功」，
因此他們始終無法正視棘手的現實。對提爾來說，這場選戰

「瘋狂程度還不及我們國家的現況」。

　　有許多嬰兒潮世代的人即將面臨退休，卻仍兩手空空。「55 歲以上的人，有 64% 的存款不到 1 年的年收入。另一個問題是，美國的一般藥物售價比其他國家高了 10 倍，美國的醫療保健系統收費過高或許可以用來補貼其他國家，但卻幫不了美國人自己。」

　　而對年輕人來說，沉重的學費問題是嚴峻的財務挑戰。提爾認為，學費的調漲速度明顯高於通貨膨脹。「美國每一年增加 1.3 兆美元學貸。」美國是全世界唯一一個學生無法擺脫負債惡夢的國家，「即使申請破產也不行」；千禧世代將會是生活不如父母的第一個世代。

　　家庭支出不斷增加，收入卻不動如山。「以實際金額來看，家庭平均收入低於 17 年前的水準。發生緊急情況時，將近一半的美國人連 400 美元都湊不出來。」結果呢？「政府還將數兆美元的納稅錢用於遠處的戰爭。美國目前參與的戰爭，包括伊拉克、敘利亞、利比亞、葉門和索馬利亞。」

　　提爾緊接著談到美國財務資源的分配不均。「但不是每個人都受苦。」那些住在華盛頓郊區豪宅的富人或矽谷人就過著豪奢的生活。「但大多數美國人卻無法參與這種榮景，所以他們投票支持伯尼・桑德斯（Bernie Sanders）或川普，也不足為奇。」

　　對提爾來說，這兩位候選人都「不是完美的」。「我並不完全認同川普的一言一行。沒有人會認為他對女性的評論是

可以被接受的。我同意，他的那些言論非常不恰當。」但如果選民選擇川普，我們不能說他們「缺乏判斷能力」，也不能說「我們選擇川普，代表我們國家的領導是失敗的」。只是對許多「成功的名人」和矽谷人而言，當然「難以接受」。

提爾還以切身遭遇，揭露常被視之爲「怪異」的偏見和社會展現的不寬容。美國的 *Advocat* 雜誌曾稱他是「同性戀創新者」，最近又說他「不是同性戀者」，因爲與其政治取向不相符。「『多元化』這個熱門詞彙背後的謊話昭然若揭。無論當事人的個人背景如何，如果你按照規定，那你就不多元化。」

提爾提出一個值得深思的問題：擁有這種背景的選民爲什麼還是支持川普呢？

「我想，那是因爲川普做對了大事。」提爾首先提出對美國整體效果不彰的自由貿易。他認爲，那些受過高等教育的經濟學家常說：「根據經濟學理論，進口廉價商品能讓大家都成爲贏家。」但實際上，由於外貿，數千家工廠不見了，數以百萬的工作機會也流失了，廣闊的國土變得「荒蕪」。外貿逆差的恐怖數字在在顯示情況每況愈下。「世界上最高度開發的國家應該外銷到發展水準較低的國家，但美國卻每年進口超過5,000 億美元。」於是愈來愈多的資金流入金融機構，經濟嚴重傾向銀行和金融產業，造就了少數得利者，特別是華爾街的金融業。

「我們參與戰爭已經 15 年了，花費超過 4.6 兆美元，超過200 萬人因此失去寶貴的生命，5,000 名軍人死亡，但我們並未

獲勝。布希政府承諾 500 億美元可爲伊拉克帶來民主，但我們不僅花了 40 倍，還造成更多的混亂。」

提爾認爲，貿易和全球化對大家都有好處，或美國會贏得戰爭之類的言論，選民已經厭倦了。因此他期待川普能讓美國再度「成爲正常國家——一個正常國家不會有 5,000 億美元的貿易逆差，一個正常國家不會發動不明戰爭，一個正常國家會做該做的事。重要的是，國家必須意識到其肩負的使命。選民不想再聽到保守派政治人物說『政府和公部門已經崩壞』，他們知道政府不是一開始就這樣的，曼哈頓計畫、州際高速公路系統和阿波羅計畫都是輝煌的政績。無論他們如何評價這些計畫和成果，但絕對不會懷疑實現這些計畫的政府。」

提爾認爲，川普重整了共和黨的方向，超越了「雷根主義」，形成一種足以破除謊話、拒絕空話思維以及符合現實的「全新美國政治」。

「當這場選舉令人不快的部分事過境遷，我們時代的歷史開始起筆之時，只剩下最後一個重要問題：新政治是否能及時到來？」

新政府的政策顧問：川普與科技界的橋梁

在川普跌破眾人眼鏡贏得大選後，矽谷大多數企業龍頭陷入一片愁雲慘霧之中。提爾卻不然，他是最大贏家，再次以逆

向思考策略獲得成功。雖然新聞和民調對川普不利，但提爾從不懷疑川普將取得勝利。「他的勝選機會被嚴重誤判，民調也未考量到川普支持者。」提爾認為這場選戰的張力和英國脫歐有許多相似之處。如果川普的對手不是希拉蕊而是伯尼‧桑德斯，那麼川普「將會贏得更辛苦」。

如今，提爾成了川普政府的一分子，擔任科技顧問一職。他在共和黨提名黨代表大會上的演說和對川普選戰的資助，在短時間內得到了回報。「川普新創公司」在短短幾個月內建立了受到認可的商業模式，以他破壞性的政治風格登上了全球最重要經濟體的控制台。

但提爾怎麼會坐上這一職務呢？除了他引起川普女兒伊凡卡‧川普（Ivanka Trump）和她的夫婿傑瑞德‧庫許納（Jared Kushner）的注意之外，庫許納一家其實也與提爾熟識。傑瑞德的弟弟約書亞‧庫許納（Joshua Kushner）是奧斯卡健康（Oscar Health）新創公司的共同創辦人，該公司目前市值評估高達 27 億美元，被列入最有希望協助美國昂貴又效率低下的醫療保險脫胎換骨的新創企業和楷模。提爾過去透過創辦人基金鉅額投資這家新創公司，2016 年也參與該公司高達 4 億美元的融資活動，富達（Fidelity）和 Google Capital 等知名投資公司也在參與名單之列。

提爾的《從 0 到 1》也扮演重要的角色。川普競選團隊將這本書奉為「活動聖經」，提爾有關創業、行銷和科技與全球化議題的見解，都成了重要的指導原則。

　　一直到 2016 年 12 月中，新舊任總統交替的過渡期間，民眾才知道提爾擔任川普政府的科技顧問一職。為了修復川普與矽谷科技業巨頭之間的關係，共同擬定具顛覆性的未來政策方向，提爾籌畫了一場川普與科技業巨頭的會面。科技業代表包括提姆·庫克（蘋果）、傑夫·貝佐斯（亞馬遜）、賴瑞·佩吉（Alphabet）、雪柔·桑德伯格（臉書）、薩蒂亞·納德拉（微軟）、伊隆·馬斯克（特斯拉）以及亞歷山大·卡普（Palantir）。提爾認為這場會面很成功，因為他不僅成功地將科技產業最重要的掌舵手帶到川普的會議桌上，還讓川普一改對科技產業劍拔弩張的態度。川普認為這些科技業龍頭是「一群不可思議的優秀人才，非常與眾不同」，他也明白表示他會支持並全力協助他們。雙方的氣氛與競選期間川普辣嗆蘋果和亞馬遜時相比，有如天壤之別。

「影子總統」的政府團隊

　　線上政治雜誌 *Politico* 最近稱呼提爾為「影子總統」，與提爾親近的員工近來也這麼叫他。一位川普支持者認為，這很合乎邏輯，因為提爾在大選後直接將辦公室運轉良好的基礎設施套用在他的新職務上，並帶來他的人脈。此外，他還參加各種會議，他的權力地位自然而然地形成。

　　提爾是出色的西洋棋選手，他在創業時就知道，正確的人

要放在對的位置上。現在他來到華盛頓，可以將信任的人以專家的角色放在關鍵位置上，即可擺脫部分監管規定，促進科技創新。

例如提爾投資公司的前參謀長邁克爾‧克拉佐斯（Michael Kratsios）是川普政府科技政策的副技術長，會與白宮科技政策辦公室針對數據、創新和科技等議題合作。克拉佐斯在提爾投資公司時，主要負責提爾的 Clarium Capital 投資管理公司的財務。

Mithril 投資管理公司的合作夥伴吉姆‧奧尼爾（Jim O'Neill），擔任食品檢驗與藥品管理局局長。奧尼爾之前曾在喬治‧布希政府的衛生福利部工作，他過去曾說，新藥上市之前不應經過冗長的臨床試驗來證明其有效性。政治觀察家認為，提爾可以將奧尼爾這樣的人放在這麼重要的位置上，證明他的地位已趨於穩定。但 2017 年 5 月，川普決定採用較溫和的人事配置，改以史考特‧戈特利布（Scott Gottlieb）擔任該職務。

提爾也成功安排了崔‧史蒂芬斯（Trae Stephens）的人事。史蒂芬斯現在是創辦人基金公部門領域新創公司的負責專家。他之前負責國防部的過渡團隊時，敢在五角大廈直言提出有關軍方採購程序的問題。諷刺的是，提爾市值高達 200 億美元的 Palantir 新創公司，多年來一直試圖力抗軍方不透明的採購程序，甚至為了被軍方排除參與招標而告上法院。2016 年 10 月，法院判定 Palantir 有權參與高達 2.06 億美元金額的招標

案。連《財富》雜誌也於 2017 年 4 月，發表了長達 13 頁的特別報導，支持 Palantir 揭露五角大廈長年獨厚軍備集團的採購弊案。

　　另外，提爾也在川普的過渡團隊中安排了兩位熟人：凱文・哈靈頓（Kevin Harrington）和馬克・伍爾威（Mark Woolway）。哈靈頓被任命為國家安全委員會（NSC）的委員，應可在商務部內擔任職務；伍爾威則在財政部擔任相同的職務。伍爾威與提爾從 2000 年開始共事，他當時加入 PayPal，這之間也曾在提爾的 Clarium Capital 任職。

　　大衛・葛倫特（David Gelernter）的科學顧問人事案也引發熱議。葛倫特是耶魯大學資訊學教授，曾被「大學航空炸彈客」泰德・卡辛斯基（Ted Kacynski）的郵件炸彈嚴重炸傷。葛倫特因精準預測網路的重要性和發展而聲名大噪。90 年代初，他就已經在其著作《鏡子世界》（*Mirror Worlds*）中提到諸如 Google Search 和 Google Map 等服務功能。葛倫特的另一本書《帝國學術界如何摧毀我們的文化》（*How Imperial Academia Dismantled Our Culture*）是一本反知識分子的著作，葛倫特在該書中表示，唯智主義（intellectualism）是愛國主義和傳統家庭價值瓦解的主因。葛倫特對於氣候變遷的整體性議題保持懷疑的態度，他認為，「人類改變了氣候的想法，根本就是假設」，而且目前並無氣候變遷的證據。但是葛倫特既不是物理學家也不是生物學家，而是資訊學家，由他來接任新職務的適任性受到質疑。

目標：結合政治願景與勇於冒險的私有經濟

「我們已經成功完成歷史的一頁，它讓我們有機會用全新的角度，思考我們的問題。」提爾在川普贏得大選後說道。當時他雖然沒有任何正式職務，但他明確表達：「我將竭盡所能，協助川普總統。」

這是提爾此生唯一的機會，他過去透過投資網路、軟體、生物科技、運輸和航太等產業追求的計畫，現在可藉由政治影響力展現更大的效果。

《從 0 到 1》是提爾的基礎，這本書在許多國家一出版立即登上暢銷書榜。該書的中心思想在於，科技的進展在 60 年代隨著登月計畫和超音速飛機達到頂點。提爾認為，科技停滯不前的基本原因，在於期望太高以及日益嚴苛的國家法規。雖然電腦和軟體產業倖免於難，在摩爾定律作用下的數位世界達到巨大的成功，但還不足以「促進社會的進步」。當人們將視線從智慧型手機移回現實世界時，會赫然發現「我們的世界老舊不堪又精疲力盡。紐約的地鐵網已經超過百年歷史，我們大部分的基礎設施也已經過時了」。

提爾希望藉由他的政治力量，將重心轉回科技領域。全球化對他而言說穿了只是「複製與貼上」的技術，能讓中國和印度等新興國家快速趕上。以中國為例，它確實正跨開大步急起直追。但中國並不以此自滿，也不再認為自己是「世界的工廠」，其 2025 年經濟目標朝向高科技工業 4.0 搭配替代性能

源和電動車的方向，也以選擇性收購和入股西方工業國家的高
科技公司爲手段，來達到目的。前不久，騰訊入股特斯拉 5%
的股份，數星期後，時任中國副總理的汪洋正式接見伊隆‧馬
斯克。市場老早就謠傳，特斯拉爲了進入廣大的中國市場，將
在中國興建大型車廠。在現今的國際經濟中，「強強聯手」才
是王道，貿易壁壘和封閉已不可行。現代化的資本主義和全球
資本的密切往來已成爲趨勢，因此能激發懷抱長期願景、跨出
科技躍進勇氣的「改革計畫」（New Deal）更重要、更勢在必
行。但知易行難，就連以先進科技報告著稱的《麻省理工科技
評論》雜誌，在 2012 年便沮喪地發表了〈我們爲什麼無法解
決大問題〉（Why We Can't Solve Big Problems）。

　　因此，要將新事物導入正軌，政府的介入絕不可少。提爾
認爲，特斯拉和 SpaceX 是新科技的典範，但這兩家公司也受
惠於國家贊助（特斯拉）和國家的訂單（SpaceX）。當政治願
景與勇於冒險的私有經濟達成共識時，才能廣泛落實大事。

　　川普宣布的兆元基礎設施計畫或許能帶來更多助益，科技
集團可以將這筆預算當作資金來源。美國大集團的國外帳戶裡
有超過 2 兆美元未課稅的盈利，蘋果和 Alphabet 等公司日復一
日累積高額現金。川普希望在他的大規模稅法改革之下，利用
有利的稅率吸引企業的利潤匯回美國。這麼做雙方皆能獲益：
美國政府將可增加千億美元的稅收，科技集團的資金也可合法
匯回美國，再將資金投入在研發活動或企業收購上。

　　這將會是帶動美國大規模投資科技和基礎設施更新的起

點。提爾可說是鼓吹大幅經濟成長的最佳代言人，美國每年的經濟成長若可長期超過 3%，就會帶來大規模的經濟繁榮，所有階層的國民都能從中受惠。

從目前的統計數字來看，美國的勞動市場似乎達到充分就業的狀態。統計數字顯示，美國經濟成長，可讓更多人就業、衣食無缺；但事實上，這並未包含長期失業者的資料，因為他們沒有機會被媒合到就業市場上。此外，紐約和矽谷以外的廣大地區，薪資調幅非常緩慢。因此美國對創新和更新需要有長期的需求。

那麼對提爾而言，哪些領域是先進創新政策的基石？

教育

美國的教育和職訓領域有很大的改善空間和需求。史丹佛或柏克萊大學雖然高居全世界最受青睞大學排行榜的前幾名，但美國普遍來說仍缺乏優秀的大學，職訓也少得可憐。美國錯失了施行德國的雙軌職業訓練的時機，這點從社會保障繳款的工資統計中便可清楚得知。從需要繳交社會福利保險義務的薪資門檻可以看出，1979 年大學畢業生和高中畢業生的年收入差異為 17,400 美元，2012 年已跳升到將近 35,000 美元。

川普和德國總理梅克爾的第一次會面，備受媒體關注。德國經濟代表團向川普大力推薦德國的職訓體系，川普也留下了深刻的印象。他的女兒伊凡卡參加在德國舉行的 G20 婦女峰會時，也對該體系深感興趣。提爾非常重視教育，但對美國的教

育體系卻不予置評。他不相信大學能教出帶領社會升級的創新者，於是設立獎學金，資助休學的創業學生 10 萬美元。

美國的創投產業已經看出教育產業的需求，計畫大規模贊助並鼓勵新創公司。Udacity 線上大學便是一例，學生可在該網站上學習實用的技能，如應用程式、網站設計，或是人工智慧和機器人的運作原理等。

保健

保健是最重要的領域，也常成為政治利益相關者的籌碼。無論是歐巴馬健保或川普健保，美國政府必須採取強而有力的措施，提高美國保健系統的效率。提爾無法接受美國民眾在購買部分藥物時，必須支付比他國貴上 10 倍的金錢。不少知名評論家也贊同提爾的看法。「保健費用是美國經濟競爭力的害蟲。」巴菲特在波克夏股東大會上這麼說道。

戰勝癌症和阿茲海默症等疾病為首要之務，使用新式行動裝置為使用者即時提供優化飲食建議，也是可行方式之一，但提爾也想到或許有能讓身體部位回春的藥物和方法。他認為，對於老齡化的社會，這些重要議題常常都被輕忽。透過減少用藥量以及改善整體保健的數位化程序，如使用雲端運算和大數據等，即可達到創新。

在法律方面，必須考量到藥物創新、臨床研究精簡化以及應用生物科技等，讓相關法律規範更跟得上時代的進步。提爾透過其創投公司鉅額投資這些領域，如 Palantir 已經和德國默

克藥廠合作，共同致力於研究治療癌症的解決方案。

公共管理

提爾認為，管理領域也有很大的改善空間。「基礎公部門成效不彰，甚至比功能失調的南歐國家還要差。」提爾接受瑞士財經雜誌 *Bilanz* 訪問時這麼說道。美國需要透過將公共基礎設施數位化的投資計畫，大幅提升管理效率；而提爾非常清楚，必須在哪些地方再加把勁。

提爾從 Palantir 的經驗得知，公部門和軍方對矽谷的創新有很大的偏見。他們經常花費大量資源和成本，重新開發市場上已經有商業標準的東西。對此，公部門必須重新思考。歐巴馬政府已經跨出了第一步，但複雜性和可怕的慣性，卻讓美國軍方的改變舉步維艱。

能源

提爾是核能的擁護者，時常呼籲政府應提高該領域的研究費用。他認為，核能的效益還能提升 10 倍。他對核融合技術抱持開放的態度。伊隆・馬斯克將特斯拉與 Solar City 太陽能發電公司合併，計畫打造一個新型、綜合但分散式的 21 世紀電力供應商。近來，馬斯克甚至還推出內建太陽能電池的石板和瓦片。巴菲特也非常看好再生能源的市場，他主要投資大型太陽能和風力發電廠，除了能節稅以外，同時還有源源不絕的現金流入。

　　從水力壓裂技術的運用來看，美國透過其自身的能源資源以及更有效率的能源生產和運輸方式，創造出相當可觀的生產價值，進而還能將工作機會重新移回美國。

　　若要改革上述領域，或套一句矽谷人常說的「顛覆」這些領域，美國的立法和政治必須要有耐性，並投入大量財政資源。蘋果、Alphabet、亞馬遜、臉書和微軟是全世界市值最高的企業，藉由創新吸引了數十億的客戶以及投資者。因此，提爾希望這些集團的總舵手能助美國政府一臂之力，提供一個以科技為導向的「改革計畫」。2016 年 12 月為矽谷科技巨頭和川普安排的第一場會面是達到該目標的第一步，但後續的步伐必須快速跟上，才能讓願景成真。如果只是美麗的空話，將無法說服投資者，下次選舉時也不會有選民支持。

　　提爾談及創新、經濟成長和創造工作機會的關連性時，總不時遭到經濟學家的抨擊，他們認為，與創造新的工作機會相比，科技進步反倒造成工作機會的流失。因此，即便在矽谷，也有愈來愈多人主張無條件的基本收入。畢竟人工智慧的力量正逐漸崛起，人類可能將被會思考的機器所取代。

　　但提爾認為，這是錯誤的想法。「人類會爭奪工作和資源，但電腦不會。」提爾在《從 0 到 1》中說道。他認為，科技是用來補充人類的能力，讓員工在全球化和價格壓力之下增加生產力，提升他們的價值創造力。「人類具有規畫能力，能在複雜的情況下做出決策。電腦則完全相反。電腦是傑出的資料處理者，但即使是最簡單的決定，電腦也束手無策。」這是

提爾的自身經驗，畢竟他曾經從無到有，創辦了兩家以分析大量數據為核心的公司。這兩家公司證實了人和機器能形成合作的工作團隊，在運用各自的強項之下，有助於找到成功的解決方案。

德國是這方面的最佳典範。德國的自動化和機器人應用密度非常高，但即便如此──或許正因為如此，德國境內的企業能達到高度的價值創造，讓這個高薪國家的工作機會仍能保有競爭力。不僅如此，德國工程師協會（VDI）於 2017 年漢諾威展時，公布了一項與卡爾斯魯爾大學（Universität Karlsruhe）以及夫朗和斐應用研究中心（Fraunhofer-Institut）合作的研究結果，表示具備高度數位化能力的公司能將其部分生產重新轉回德國。原因顯而易見：數位化能讓生產具備高度的靈活性，在隨時互聯的網路時代，客戶期待最短時間的生產和交貨時間；而由於自動化的緣故，人工成本變成了次要因素。

21 世紀的電腦是否有可能超越人類？提爾認為：「這基本上不是經濟問題，而是政治和文化問題。」對他來說，這就像是外星人降落在地球上一樣。我們不會質疑這會不會影響到我們的工作，而是會想：「他們是否友善？」提爾藉此譬喻正中核心，為政治和社會開啟更寬廣的視野，讓大家有機會跳脫既有的思維，重新思考這個議題。

就連巴菲特的事業夥伴查理・蒙格，對科技的見解也走在時代的最前端。2017 年，他在波克夏的股東大會上，針對各界對人工智慧的疑慮提出以下評論：「如果生產力每年能增加

25%，大家根本不用擔心。」他更擔心的是生產力每年增加不
到 20%。

數位化不可思議的誘導力量

「宣傳有兩種方式。」1958 年，赫胥黎在《再訪美麗新
世界》中說：一種是以事實和邏輯為基礎的理性宣傳，另一種
則是利用激情為工具的非理性宣傳。第二種宣傳型態避免了邏
輯性論述，而以聳動的標語取而代之……就像川普的競選口號
「讓美國再次偉大」一樣。

赫胥黎的讀者，基本上對希特勒、墨索里尼和史達林等獨
裁者的政治世界印象特別深刻，因此英國脫歐公投和川普贏得
美國總統大選之後的震驚更是餘波盪漾。很多專家非常詫異，
英國和美國的選民在渾然不知未來對自己生活會有什麼樣影響
的情況下，竟如此樂於接受現有制度的斷裂，也就是破壞性的
變革。

川普的總統選戰結合了他獨特的自我行銷特質，以及透過
推特和臉書等現代化數位選戰的經營方式。《富比士》雜誌在
選後分析中一語道破：「傳統選戰已死。」在 21 世紀，電視
廣告、路上發傳單以及大型看板等早已不合時宜。

特別是川普，他認為自己在類比世界中是過時的，他的桌
上沒有電腦，他也沒有電子郵件地址，但他贏了選戰，全歸功

於他有目標性地與選民直接進行數位化對話。

　　這背後的故事可以寫成最新型態的高科技驚悚片劇本，主導川普數位化成功的大功臣非其女婿庫許納莫屬。2016 年 12 月，美國總統大選之後，庫許納的照片立即登上《富比士》雜誌封面，偌大的標題寫著「川普勝選全拜他所賜」（This Guy got Trump Elected）。但庫許納擔任川普數位化選戰經理的角色，也全是無心插柳的意外。

　　庫許納和川普一樣，都是從地產大亨發跡，但他過去也曾因策略性投資媒體和數位化產業而受到矚目。2006 年，他買下了《紐約觀察家報》（New York Observer），該報近來已成為純粹的線上報刊，主要報導紐約的生活。庫許納也是房地產創投網路平台 Cadre 的共同創辦人之一，彼得・提爾和中國阿里巴巴集團董事長馬雲也持有該平台的股份。他的弟弟約書亞・庫許納年輕時就已經是知名的創投家，目前是市值高達 27 億美元的奧斯卡健康新創公司的共同創辦人。

　　庫許納在《富比士》雜誌上坦言，他與提爾的結識對這場數位化選戰相當重要。「我打電話給幾位矽谷的朋友，問他們如何製造話題，他們給了我一些建議名單。」川普在共和黨代表大會上被提名為總統候選人後，庫許納立即採取行動。他以矽谷的創業風格在 3 個星期內於聖安東尼奧市郊建立了一個由 100 人組成的數位選戰中心。所有重要資訊透過 Google Map 地圖匯集於此，這些資料是決定競選活動的重要依據，包括：巡迴活動、選戰捐款、廣告，甚至是川普的演說議題。庫許納

運用可證明各項活動有效性的數位化行銷公司，來增加選戰捐款。機器學習技術的應用也扮演重要的角色，因爲能夠在4個月內籌募到超過2.5億美元，其中大部分爲小額捐款。

這場選戰的分析核心是劍橋分析公司（Cambridge Analytica）的數據庫和分析方法。該分析公司是一家擁有小型數位智庫的私人控股公司，曾協助英國脫歐。該公司的投資人是對沖基金經理羅伯特・默瑟，以及曾資助川普顧問史蒂芬・班農（Steve Bannon）的右翼新聞評論網站布萊巴特新聞網（Breitbart）。

史蒂芬・班農曾向《華爾街日報》表示「政治是戰爭」，川普的數位化大數據選戰是一場「閃電戰」，臉書的資料來源也扮演核心角色。劍橋分析公司透過心理測驗，成功建立了2.3億個美國人的資料，每個人都收集了3,000至5,000筆資料組。劍橋分析公司執行長亞歷山大・尼克斯（Alexander Nix）接受國家廣播公司專訪時強調，此法的獨特之處在於數據點的連結。「那是所有材料的總和。」使用者在臉書上不只留下由性別、年齡和居住地所組成的身分，透過按讚、發文和分享議題等每日在臉書上的活動，還會留下各式各樣的數位化足跡，爲研究人員提供關於使用者行爲的寶貴資料。

「直效行銷」是美國廣告專家萊斯特・偉門（Lester Wunderman）在1961年最早提出的概念，但隨著臉書的普及，這種有針對性的對話方式達到了全新的境界。現今的數位化系統，可以分毫不差地爲數以千萬計的消費者提供完全客製化的

資訊。庫許納的團隊善用臉書的新式廣告工具——隱藏式貼文廣告（dark posts），在臉書的動態訊息中植入只有相關目標族群看得到的訊息。川普的數位化團隊在劍橋分析公司的協助之下，透過隱藏式貼文廣告，將精準的廣告訊息傳送至各種人格特質資料所瞄準的選民眼前；例如他們假設駕駛美國品牌汽車的選民，應該比較傾向於支持川普。

　　反之，希拉蕊則主要仰賴電視廣告，他們在廣告短片上花了超過 1.4 億美元。庫許納將原本捉襟見肘的選戰預算缺點轉換爲優點，因爲他採用了最有效率的方法，並以矽谷新創人的風格，藉由可管理的工具，將一個顛覆性的新創事業變成一個數位化的選戰機器，成功打贏了選戰。「如果川普是執行長，庫許納就是講求效率的首席營運長。」提爾這麼形容道。就連對手陣營也對他深感佩服。擔任希拉蕊競選團隊技術顧問的 Google 前執行長艾立克‧史密特也承認說：「傑瑞德‧庫許納是 2016 年總統大選最大的驚喜。」「他最厲害的地方，就是在幾乎沒有資源的情況下，成功地化危機爲轉機。」能從艾立克‧史密特這種成功人士嘴裡聽到這樣的讚美，已屬最高殊榮。

　　但是在所有輝煌的科技成果中，有點美中不足的地方。空氣中瀰漫著一絲《1984》中的氛圍：像美國這樣的泱泱大國，總統大選怎麼可能受到臉書和推特那些由微不足道的「假新聞」和「聊天機器人」混雜而成的訊息所左右呢？其中最受抨擊的是祖克柏和臉書，因爲臉書的資料庫非常獨特，匯集了

諸如用戶姓名、教育程度、工作和收入、旅遊目的地、興趣和活動、朋友圈等各種個人資料，以及最重要的——用戶的偏好取向，也就是使用者曾爲哪些品牌、產品、政黨、美食、娛樂和名人等「按讚」的行爲。此外，臉書還會記錄用戶的行爲數據，例如曾經造訪的頁面、每一次的「按讚」、所進行的採購以及造訪過的地方等。臉書會因此成爲「自由社會的結構性危險」嗎？

祖克柏過去總是將臉書的角色最小化，並強調臉書只是一個提供數位化的基礎設施，讓用戶彼此交換資訊的平台業者。但對《紐約時報》而言，臉書近來已經變成一種「可以被當作武器使用的危險廣告媒介」。祖克柏若想善盡他支持多元化和開放性的職責，就必須承認，臉書已不只是一個社群網站。

擔任臉書監事會成員多年的提爾也肩負著相當重要的角色。他非常了解經濟和社會之間的整體關連性，擔任川普政府顧問以來所累積的經驗，也能應用在臉書內部。德國《時代週報》刊登祖克柏將聘雇 3,000 位「網路清潔人員」，以清除假消息、錯誤報導和散播仇恨的發文；這麼做還不夠，但要徹底做到似乎是不可能的任務，還是無法清除臉書上不受歡迎的內容。人工智慧和機器學習的技術在未來幾年會更迅速地發展，那接下來呢？只有祖克柏和他的演算法可以決定我們在臉書社群上發表什麼內容嗎？

更駭人聽聞的是媒體本身的狀態。線上雜誌 *Politico* 發表了一項大數據分析結果：美國媒體自 2008 年以來正在逐步泡

沫化。*Politico* 推斷，這個泡沫會愈來愈大，原因在於區域報紙的式微，以及新媒體的同步崛起和增加。2008 年的經濟危機和消費者逐漸傾向使用數位化新聞的趨勢，導致報業的從業人員從 2006 年的 36 萬 5 千人銳減到 2017 年的 17 萬 4 千人。同一時期，線上新聞媒體服務的從業人員卻從 6 萬 9 千人攀升到 20 萬 7 千人。

　　過去這幾年，區域報紙的變化與《華爾街日報》《紐約時報》《華盛頓郵報》和《今日美國報》等主流媒體呈現強烈的極端對比。新式網路的服務據點主要集中在美國東岸和西岸，大量年輕人湧入這些擁有便利基礎設施和舒適生活型態的新興區域。媒體的信譽問題不容忽視，但媒體卻以將近 90% 的壓倒性比例支持希拉蕊。*Politico* 提出警訊：「大家都承認，選擇川普是一大錯誤。但媒體如果沒有從中得到教訓，下次選舉也同樣會是輸家。」

9

彼得‧提爾的未來策略

/////

我不是反對學習，而是反對教育。
──彼得‧提爾

以贊助創新爲主軸：提爾基金會

「我們支持科學、科技以及爲未來的長期思考。」這是
提爾基金會的慈善使命。提爾將其慈善活動專注於能帶來全新
科技突破的議題，即符合其《從 0 到 1》的創新理念、具有革
命特性且能推動科技的挑戰。提爾看到他對這個社會的使命，
是爲致力於解決「社會急迫性問題」的人提供財務上的資助，
協助他們達到科技創新和突破。他一直忠於這個使命，他的慈
善活動也一直以此爲方向，希望藉此爲社會創造眞正的附加價
值，而不是億萬富翁茶餘飯後的錦上添花。

提爾的理念是：支持不受政府、公部門和機構干預的政
治、個人和經濟自由，同時推動全新領域的研究和科技。但身
爲自由主義者，提爾也致力於保護受到專制體制或人權侵害的
組織和個人。

提爾基金會分成三大領域：

‧ 提爾獎學金贊助休學的年輕人發展其創意兩年。
‧ 突破性實驗室爲採取重要方法的科學企業提供新穎的融
　資和協助。
‧ Imitatio（希臘文原意爲模仿）則贊助（提爾最敬佩
　的）哲學家吉拉爾的「模仿理論」之相關研究和應用。

　　在研究和科技領域，提爾最重視的是人工智慧和抗老研
究。他從小就立志要找到延長人類壽命的方法。隨著年齡增
長，經常伴隨著阿茲海默症和老人痴呆症的出現，是人類必須
克服的一大挑戰，而且腳步得加快。因爲提爾認爲，人類學會
了「與死亡必然性和死亡達成共識，而且是在極度樂觀和極度
悲觀的融合之下，這種妥協令人震驚」。對於艱難的挑戰，我
們需要務實的觀點：「我相信，更健康的面對態度介於兩者之
間──不是一味地排斥死亡，或是認命地接受，而是正面對抗
它。」提爾接受 *Bilanz* 雜誌訪問時這麼說道。
　　提爾也會定期舉辦意見交流大會，爲民眾和組織提供公共
舞台和彼此交換資訊的機會。2010 年，他舉辦了一場突破性
慈善大會，邀請 8 家非營利公司展示其全新科技的計畫。2011
年，則舉辦了一場名爲「快轉」（Fast Forward）的慈善大會。
　　2015 年底，提爾與伊隆‧馬斯克（特斯拉）、里德‧
霍夫曼（LinkedIn）、山姆‧奧特曼以及潔西卡‧利文斯頓

（Jessica Livingston）（最後兩人為 Y Combinator）共同成立了非營利性質的人工智慧研究公司 OpenAI。OpenAI 的使命是「推動數位化智慧，造福全體人類，不以營利為目的」。包括亞馬遜雲端運算服務平台（Amazon Web Services, AWS）和印度 IT 集團印孚瑟斯（Infosys）在內的所有共同創辦成員，投資了總計高達 10 億美元的資金。馬斯克和提爾希望藉此建立一個能與 Alphabet、蘋果、臉書和微軟等大型科技集團相互制衡的反力量，因為這些大型科技集團擁有幾近無限的金錢資源，過去這幾年延攬和收購了許多 AI 產業的重要科學家和新創企業，市場可能因此面臨少數大型 IT 集團壟斷人工智慧的危機。2014 年，馬斯克在接受 CNBC 訪問時強調：「監管規範勢在必行，無論是國家層級或國際層級，如此才能確保避免未來市場的失控行為。」OpenAI 將發展為全球領先的研究機構，致力於發展對公眾有意義的解決方案。OpenAI 已在最短時間內延攬知名科學家和科技人才，同時也藉由發表人工智慧領域的研究報告和免費軟體，成功奠定其為 IT 領域重要意見領袖的地位。

　　提爾熱愛自由，非常熱衷人道主義議題。他認為戰爭與動亂是最大的國際危機之一，無論是因資源不平等或是他一再譴責的美國在中東發動的軍事行動。他是美國人權基金會（HRF）的贊助者，也是新聞記者保護委員會成員，同時他還是奧斯陸和平論壇的重要催生者。

　　曾在 2016 年美國共和黨全國代表大會上公開出櫃的提爾，

同樣也支持爭取同性戀、雙性戀和變性者權益的組織。他是美國平權協會的贊助組織 GOProud 的支持者。

原則上，提爾基金會的活動方向皆以接納並贊助初期創新想法為主軸，提爾認為這種方式非常符合他身為風險投資人的定位，此舉能更快速推動重要的創新。

提爾是科技獨特性的超級擁護者，這個議題最知名的代表人物就是未來學家雷蒙德‧庫茲維爾（Ray Kurzweil）。根據摩爾定律，電腦的計算能力呈指數成長，庫茲維爾認為巨大的科技加速力道將協助我們躍進人工智能世界，大幅提升人類的能力。他相信這個願景在不久的未來即將實現。提爾是機器智能研究中心（Machine Intelligence Research Institute）的監事會委員，過去也經常贊助該中心舉辦的競賽活動。

早在 2006 年，提爾就曾透過英國的麥修撒拉基金會（Methuselah Mouse Prize Foundation）贊助英國科學家暨生物資訊學家奧布里‧德格雷（Aubrey de Grey）350 萬美元。提爾深信，「本世紀生物學的重大進步將會有許多寶貴的發現，可大幅改善人類的健康和延長壽命」。而德格雷顛覆性的方法將「加速研究老化的程序……讓人類更長壽、活得更健康」。

提爾贊助位於加州桑尼維爾（Sunnyvale）的海上家園研究所（Seasteading Institute）的新聞，也不時躍上媒體版面。該研究所的使命是「在海上建立永久的自治社區，以研究各種不同的社會、政治和法律系統的實驗和創新」。該創意是受俄裔美籍哲學家艾茵‧蘭德（Ayn Rand）的小說《阿特拉斯聳聳

肩》（*Atlas Shrugged*）所啟發，提爾在該計畫投資了約 125
萬美元。提爾雖在其〈自由主義者的教育〉一文中談到了實現
該項計畫的想法，但日前他在接受專訪時卻語帶保留地表示，
「這只是以不同的角色和政府形式嘗試的小型附加計畫」，並
強調「它的實現應該會在遙遠的未來」。

休學才能拿到的獎勵：提爾獎學金

　　美國夢還存在著！身價高達數百億美元的科技企業龍
頭──賈伯斯、比爾‧蓋茲和馬克‧祖克柏，就是休學生的最
佳典範。大學嚴格的教學計畫教不出創業和創新精神。提爾是
最知名的「休學創業」支持者，他最令人信服的證明就是：他
投資馬克‧祖克柏 50 萬美元，而今祖克柏已成為億萬俱樂部
的一員。

　　自 2011 年起，提爾提供 18 到 20 歲年輕人每人 10 萬美元
獎學金，贊助他們創業，唯一的條件就是：他們必須休學。此
舉引發兩極化的反應，柯林頓政府的財政部部長勞倫斯‧薩默
斯（Larry Summers）在科技資訊網站 TechCrunch 上，便強力
抨擊提爾的做法，他稱提爾的計畫是「近 10 年來最誤導年輕
人的非營利計畫」。許多具備程式開發天賦的年輕人和網路高
手，都以爭取提爾獎學金為未來目標。有鑑於大企業的官僚文
化、晉升機會短缺以及曠日廢時等待創意被看見的無奈，創業

似乎是實踐創意的唯一出路。提爾每年都會收到約 500 名年輕人的申請書，他相信申請人個個「才華洋溢，未來幾年或數十年後，他們將會在科技領域有非凡的成就」。

2013 年 12 月，《華爾街日報》的記者羅菈‧科洛妮（Lora Kolodny）報導了提爾獎學金得主所獲致的成果。64 位提爾獎學金的得主創辦了 67 家公司、獲得創投公司和天使投資人 5,504 萬美元的創投資金、出版了兩本書、推出 30 款應用程式，以及創造了 135 個全職的工作機會，還讓 6,000 名肯亞人享有乾淨的水和太陽能電力。這些成果雖然尚未達到提爾承諾的永續性影響，但絕對是一個堅實的開始。

提爾獎學金得主中最成功的新創公司和創辦人有：

阿里‧溫斯坦（Ari Weinstein）與**康拉德‧克萊默**（Conrad Kramer）和他們的工作流程應用程式，該應用程式被蘋果譽為 2015 年年度最有創意的應用程式，蘋果並於 2017 年初收購了創辦人團隊及其公司。

愛登‧福爾‧高（Eden Full Goh）是普林斯頓大學的休學生，創辦了 SunSaluter 非營利公司。SunSaluter 推出一種價格低廉的太陽能系統，可讓太陽能板隨著陽光移動，能源產量因此增加 30%。SunSaluter 太陽能系統已應用在 18 個國家，為超過 1 萬名居民提供電能。愛登‧福爾‧高目前擔任該公司的會長，同時也任職於 Palantir。

詹姆斯‧普羅德（James Proud）的新創公司 Hello 市值估

計高達 2.5 億美元，已募得 4,000 萬美元的創投資金。該公司
開發出一種睡眠記錄儀，產品售價為 149 美元，2017 年銷售量
達 25 萬件。提爾在該公司新一輪的融資活動中，再加碼投資
了 200 萬美元。

里特許‧阿加瓦爾（Ritesh Agarwal）創辦了印度最大的
廉價飯店網，全印度有超過 200 個城市 6,500 多個房間加入。
該新創公司市值估計高達 4 億美元，阿加瓦爾已募得 1.87 億
美元的資金。他稱提爾獎學金計畫是「降臨在我身上最美好的
事。」

勞菈‧戴明（Laura Deming）從 14 歲開始就致力於能延
長人類壽命的計畫，她就讀麻省理工學院時就以人造組織和器
官進行實驗。近來，她與藥學專家和基金經理人合夥，成立
The Longevity Fund 創投基金公司，專門投資與延長壽命相關
的新創公司。

　　提爾希望，更多有才華的年輕人能有機會實現他們的創意
和夢想。他認為其他的相關活動，例如 Y Combinator 推出的種
子階段孵化器等，不是競爭對手，而是重要的戰友。提爾最近
也在 Y Combinator 擔任顧問，他說：「我們希望促成加速社會
創新和進步的思考運動，並成為其中的一分子。」

　　在提爾這些逆向思考、挑釁意味又濃厚的新式教育計畫作
用之下，哈佛、史丹佛和麻省理工學院等菁英大學也被迫重新
思考他們的課程，並朝著有利於學生創業的方向規畫。提爾也

在此時建立與既有大學的合作管道。他在母校史丹佛大學開了一系列創業講座課程，內容彙整爲《從 0 到 1》一書。

美國知名作家湯姆‧沃爾夫（Tom Wolfe）的女兒亞歷山德拉‧沃爾夫（Alexandra Wolfe），以長達兩年的時間，近距離記錄獲得提爾獎學金的年輕創辦人，彙整成《眾神之谷》這本很有趣的書。她用「亞斯伯格風格的上進者」來形容矽谷人和提爾獎學金的候選人，因爲他們幾乎無法與他人建立關係，或是無法自然而然地融入派對之中，他們幾乎與世隔絕，因此容易受到政治操弄。但或許這就是他們雀屏中選的必要條件之一，因爲他們具有創業成功的潛能，畢竟比爾‧蓋茲和馬克‧祖克柏青少年時也是同類型的人，而今他們兩人創辦的公司已成爲數千億美元的大集團，爲 20 和 21 世紀的世界帶來深遠的影響。

打破科學常規：突破性實驗室

可能是因爲獎學金計畫鼓勵年輕人休學創業的關係，彼得‧提爾並未結識很多學術界的朋友。但逆向思考的提爾以成立「突破性實驗室」來因應。

突破性實驗室屬於提爾基金會，主要贊助創意初期階段的科學研究，這類研究可能因仍在萌芽階段、太具投機性或耗時太長，因此不容易受到商業化產業、傳統創投基金或天使基金

的青睞。

突破性實驗室秉持提爾打破既有模式和極限的理念，其使命為「超越一切可能的障礙」（Pushing the Boundaries of What's Possible），簡潔有力地說明了一切。突破性實驗室需要能為「社會創造高價值」且具有創意的科學家，但這類科學家往往得不到能讓他們將專業「從實驗室技轉到經濟面」的必要協助，因此突破性實驗室將協助他們突破科學常規。突破性實驗室的網站上用了「越獄」（jail break）一詞，讓人不禁聯想到提爾離開紐約法律事務所的律師生活時，也用了「逃離惡魔島」為喻。

突破性實驗室主要贊助追求全新創意的科技公司，期望藉此能如提爾所願，讓社會盡快「升級」。

此外，突破性實驗室也推出結合各種活動的全方位創新計畫，所有被贊助的公司每 2 至 3 年會受邀參與這些活動。此外，活動也會邀請其他公司、公司代表、投資公司、策略事業夥伴以及監管機構和業務發展等領域的服務業者、行銷和人事專家等。

「Unboxing」是每年 10 月都會舉辦的旗艦活動，讓所有被贊助的公司有機會向潛在投資人和策略性合作夥伴，展示他們公司及其技術成果。

除此之外，突破性實驗室還備有包含投資公司、策略性合作夥伴和產業合作夥伴資料的數據庫。突破性實驗室贊助的公司可根據屬性，和策略性合作夥伴以及有興趣的企業連結，需

要法律方面的協助時，實驗室也提供律師支援服務。

　　突破性實驗室還爲這些以研究爲主軸的公司，提供一個結合創投公司和策略性合作公司的網絡，他們稱之爲「企業和金融催化劑」。這些創投公司名單包括提爾的創辦人基金和 Mithril 投資管理公司，以及 20 多家知名創投企業，如 Atlas Venture、Index Ventures 和 Khosla Ventures，致力於生物技術和癌症研究領域投資而聞名的羅氏製藥（Roche）也是贊助者之一。

展望
航向新海岸

/////

關於死亡這個問題──
「基本上，」提爾認真地說道，「我反對。」

　　川普宣誓就任美國總統後，在其演說中強調無條件忠於
美國爲其最基本的重要基石之際，彼得‧提爾遭爆擁有紐西蘭
國籍。提爾是否如媒體所猜測，會再度使出他的逆向思考戰術
呢？當可能發生國際性傳染病或全球經濟危機時，紐西蘭對他
而言，是否就是「保留地」或所謂的避風港呢？

　　毛利人稱其故鄉爲「長白雲之鄉」的紐西蘭，一直都是提
爾心之嚮往之處，苦苦尋覓完美社會型態的提爾似乎在紐西蘭
找到了最符合他心中「烏托邦」形象的夢幻島。在德國人的印
象中，紐西蘭是冒險運動家、背包客最嚮往的世界盡頭；對即
將上大學的高中畢業生而言，也是可以快速在大自然獲得世界
遊歷經驗的最佳去處。而對提爾來說，紐西蘭則是他實現海上
家園未來願景，以及在其他星球上生活之間的中繼站。

　　紐西蘭也是他與最鍾愛的小說《魔戒》之間的連接點。提
爾是托爾金的忠實粉絲，他的公司 Planatir 和 Mithril 都是以
《魔戒》中的名稱命名。他也很讚賞紐西蘭自由進步的法律，

包括有利於投資的先進稅法。

　　提爾也因此被列入一種矽谷現象：儘管新世界的意見領袖在向全球忠實的愛好者社群展現他們社會性的突破創新時，總愛在媒體上散播正向的樂觀氛圍，但愈來愈多富裕的矽谷巨頭也擔心自己的未來。提爾選擇風景如畫的紐西蘭當作避風港，其他巨頭則紛紛購入豪華的避難所，隨時囤積燃料和食物，以備不時之需。當發生戰爭、經濟危機或全球性傳染病時，只有這些最基本的物質才派得上用場。虛擬世界的主角們已經將此內化為理所當然，並找到合適的定位。普世共存的就是這種反烏托邦的世界觀，擁有的愈多，失去的愈多。

　　但這個塵世在未來幾年和數十年會有什麼發展呢？關鍵一方面在於全球化，另一方面則在創新和科技突破。並非因為川普，全球化才不被視為促進成長的唯一驅動力。白紙黑字的數據也證明了這一點，全球國民生產總值成長率從 60 年代的最高峰 6%，減至 2015 年的 3%。數位化帶來競爭力的提升，因為每位員工的生產力增加，進而使成本下降。消費者未來都希望透過 App，在最短時間就能收到他們訂購的商品；為了滿足消費者的需求，供應商除了需要全新、具有彈性且訓練優良的人力，還必須具備高度的數位化能力和技術理解能力。如提爾所分析的，教育或許才是最需要重整的領域。投資教育才是確保全球會有更多創新、價值創造和富裕的關鍵。

　　提爾的「事半功倍原則」，可能是源自於某大企業或重視生態的某政黨的永續性報告。我們生活在一個人口數量持續增

加，對原物料和能源資源的渴望從不停歇的世界。從不時被爆出的廢水或廢氣排放醜聞來看，我們不能僅以漸進方式推動科技。我們不但可能因法律規範，也可能因種種科技挑戰而瀕臨極限。

提爾還認為我們即將陷入創新危機，而且已經有科學證據說明其原因。史丹佛大學總體經濟學家尼克・布魯姆（Nick Bloom）的最新研究證實，經濟成長是創新的成果。雖然自1930年以來，研發領域的工作人員數量增加了超過20倍，但其集體生產力卻下降41倍。電腦技術就是最好的例子。1965年，英特爾的共同創辦人高登・摩爾提出他舉世聞名的「摩爾定律」。根據該定律，電腦、平板和智慧型手機的核心 —— 微處理器 —— 的計算效能每兩年會增加2倍。50多年以後，他的定律依舊有效，資訊科技確實是過去50多年來的創新綠洲，只是代價也非常高昂 —— 史丹佛的學者發現，摩爾定律背後的最新研發支出已高出1971年78倍。

提爾、川普以及許多研究學者都認為，經濟年成長率超過3%才能帶來優質的就業環境，中產階級也才能感受到實際的薪水調漲。研究成果顯示，只有收入最頂端的10%才會明顯從全球化的高薪獲利。與收入增加相比，資產增加和伴隨的資本收益才更為關鍵。中央銀行的零利率政策將迫使小額儲蓄者的存款貶值，但為企業和富人提供了有利的融資和投資條件。結果造成股市和房地產熱絡，更加劇資產的集中。

但為了強化經濟成長，並讓更廣大的民眾能夠享受其努力

的成果，政府和企業之間必須採取全新的創新配套。而在這方面，身爲川普科技顧問的提爾似乎也有著力之處。在川普女婿傑瑞德‧庫許納的帶領之下，美國公部門可望能更現代化，達到最先進的技術狀態。川普節省 1 兆美元的 10 年計畫啓動了，同時公部門將爲民眾提供全新品質的公共服務。庫許納認爲，關鍵在於民營領域的創新解決方案，矽谷的科技巨頭心懷感激地接下了這項任務。提姆‧庫克強調，美國理應具備最先進的管理制度，但實際上卻非如此。如果美國可以成功建立一個政府與民間企業的聯盟，就能形成一種全新型態的科技創新合作關係。

美國能維持世界領先科技國的地位嗎？提爾深信矽谷是創新中心，但他也明白，這並非平白從天上掉下來的。結合了創投資本家和高科技企業的史丹佛大學網絡效應，形成了這種獨一無二的共生結構，彷彿在生產線上直接產出創新和企業。但這種網絡效應有其危險，也有可能「失控」。

中國等國家已經無法滿足於繼續扮演世界工廠的角色。中國國家領導人習近平爲自己和中國設定了 2021 年的兩大目標：2021 年的國民生產總值將達 2010 年的 2 倍，中國到 2049 年時將成爲「富強、民主、文明、和諧的現代化國家」。中國也意識到「高科技和創新」的重要。2025 科技計畫可望帶領中國在人工智慧、電動車和自動化與機器人技術等關鍵技術上，占有領先地位。中國並透過收購西方關鍵技術的方式，縮短其在創新技術的摸索期，加速取得創新成果。這些都將嚴重威脅美國

的科技強權地位。

21 世紀的人類會過著什麼樣的生活呢？智慧型手機和電腦的躍進讓我們更接近人工智慧，數據現在已經是大型網路集團最重要的資源。我們的生活會比現在更不自由，無論是個人偏好、健康情形、財務狀況或是運動和消費資訊等，每個人的一切無時無刻都被攤在彼此眼下。紙鈔已經不存在了，原本到處林立的銀行分行已經從街景消失。到時候，我們會使用仿人形機器人為管家，在老化的社會中在家和在辦公室裡協助我們，讓我們的生活更便利嗎？

蘋果、Alphabet、亞馬遜、臉書和微軟愈來愈強大，擁有鉅額資金。臉書的現金流量在 5 年內從 3.77 億美元增加到 116 億美元，增加了 30 倍；亞馬遜 15 年內從 1.35 億美元增加到 97 億美元，增加了 71 倍；Google 甚至在同一段時期，從 1,800 萬美元增加到 258 億美元，增加了 1,400 倍。從這些數字就能想像 21 世紀會有什麼樣的變化。這些都是提爾看好的公司，在數位化經濟中占有壟斷地位，並藉由網絡效應迅速成長；而且還利用高度的現金流量，有目標性地收購其他公司，擴展其市場地位——Google 收購了 YouTube，臉書買下 Instagram 和 WhatsApp，亞馬遜則收購超級市場連鎖店全食超市（Whole Foods）。

時間將引領我們走向什麼樣的世界？將會有混合《1984》和《美麗新世界》的生活等待著我們嗎？我們的未來生活將籠罩在歐威爾所說的全然監控氛圍，或更像是赫胥黎渴望的穩

定、和平與自由的生活？

　　人工智慧扮演的角色爲何？人工智慧會扼殺工作機會嗎？提爾透過其 PayPal 和 Palantir 公司有不同的親身經驗。電腦和演算法具有其特殊的優勢，人類同樣也是。人機合作能提供傑出的成果。繼伊隆・馬斯克之後，提爾催生 OpenAI 人工智慧研究公司，他們都強調人工智慧的研究成果必須開放、透明、讓所有人取得，避免這些科技遭到少數集團壟斷。這是關鍵科技必須修正的大方向，因爲五大科技集團已經併購了人工智慧領域許多重要的企業和新創公司。

　　演算法必須納入德國技術監督協會（TÜV，德國檢驗產品安全與環境安全的非官方組織）的規範範圍嗎？有關臉書、假新聞和社群媒體遭到濫用等議題目前已經引起各界熱議，我們需要能保護民眾，但同時不會抑制企業自由和創新的法律框架。

　　航太技術長久以來都掌握在太空總署和歐洲太空總署等國有組織手上，近來也成了億萬富翁發展人類在地球之外拓展生活疆界計畫的新玩意。提爾是馬斯克創立的太空旅行公司 SpaceX 最重要的金主之一。亞馬遜的貝佐斯也創辦了藍色起源（Blue Origin）太空公司，跨足航太旅行領域；他日前才宣布，每年將自掏腰包投資 10 億美元在這項計畫上。亞馬遜的高股價及貝佐斯水漲船高的財富，可望實現這個夢想。

　　然而，提爾、馬斯克和貝佐斯的火星殖民計畫成眞的可能性有多高？馬斯克不久前才將其火星殖民計畫的啓動延至 2020

年，宇宙探測器將負責蒐集人類登陸火星的技術知識，2024 年 SpaceX 將可載送第一批人升空到火星上。就連 IKEA 也啓動了火星殖民計畫，他們在美國猶他州的沙漠成立火星研究站，模擬人類在火星上的生活。該研究站的研發重點在於從火星上極端惡劣的生活條件中收集經驗，協助設計師以愛護資源的方向，開發適用於在地球上使用的家具。

提爾的飛行車願景也不遠了。德國空中計程車新創公司 Lilium 將以全自動無人駕駛噴射飛行器，實現空中計程車的載客服務。Lilium 創辦於 2015 年，2017 年初完成無人飛行器的首航測試，若以從紐約曼哈頓市區到甘迺迪國際機場爲例，普通車行時間爲 55 分鐘，搭乘空中計程車則可縮短爲 5 分鐘，且費用非常低廉。該公司預估，初期的搭乘費用爲 36 美元，未來可望降至 6 美元，相較於傳統計程車的 56 至 73 美元，眞的相當划算。杜拜政府自 2017 年夏天開始，也使用一家中國企業的空中計程車進行試營運。自 2030 年起，將會有四分之一的客運使用自動駕駛的交通工具。

最後只剩下延長壽命和永生的展望了。提爾透過其投資公司和慈善活動積極參與這項領域的研究。Alphabet 甚至還成立專門的公司，專注於研究人類衰老和延長人類的壽命。馬克・祖克柏和他的妻子普莉希拉・陳（Priscilla Chan）也於 2016 年投入 30 億美元，目標是治癒人類的所有疾病。

未來會告訴我們，哪些永續性創新改善了我們的生活。「科技進步無法解決人類所有的問題，但科技不進步，我們什

麼問題也解決不了。」2016 年，提爾與德國政治家顏斯‧斯潘恩（Jens Spahn）會談時這麼說道。

　　彼得‧提爾的下一步棋會怎麼走，且讓我們拭目以待！

致　謝

　　本書能夠出版，我要感謝所有協助過我的人，特別列舉如下：

　　感謝財經書籍出版社（FinanzBuch Verlag）專案負責人喬治・霍多利奇（Georg Hodolitsch）。他是本書得以出版的緣起，感謝他決定出版本書的勇氣。

　　感謝財經書籍出版社邀請我參與出版計畫。

　　感謝與我相識十幾年的財經書籍出版社公司總經理／發行人法蘭克・維爾納（Frank-B. Werner）博士，促成我與財經書籍出版社的合作機會。

　　感謝設計師馬文・阿德霍弗（Marvin Adlhofer），負責本書的圖表設計。

　　特別還要感謝我的太太安德蕾雅・斯泰格（Andrea Staiger），沒有她無條件的支持，我不可能完成這本書。她不僅讓我可以無後顧之憂地專心研究資料和撰寫，還協助校訂本書，並提供意見。

www.booklife.com.tw　　　　　　　　reader@mail.eurasian.com.tw

商戰系列 202

矽谷天王彼得‧提爾從0到1的致勝思考

從臉書、PayPal到Palantir，他如何翻轉世界？

作　　者／托瑪斯‧拉普德（Thomas Rappold）
譯　　者／張淑惠
發 行 人／簡志忠
出 版 者／先覺出版股份有限公司
地　　址／台北市南京東路四段50號6樓之1
電　　話／（02）2579-6600‧2579-8800‧2570-3939
傳　　真／（02）2579-0338‧2577-3220‧2570-3636
總 編 輯／陳秋月
資深主編／李宛蓁
責任編輯／蔡忠穎
校　　對／蔡忠穎‧李宛蓁
美術編輯／林韋伶
行銷企畫／詹怡慧‧黃惟儂
印務統籌／劉鳳剛‧高榮祥
監　　印／高榮祥
排　　版／莊寶鈴
經 銷 商／叩應股份有限公司
郵撥帳號／18707239
法律顧問／圓神出版事業機構法律顧問　蕭雄淋律師
印　　刷／祥峰印刷廠

2020年5月　初版

PETER THIEL by Thomas Rappold
Copyright © 2017 by FinanzBuch Verlag, Münchner Verlagsgruppe GmbH, München.
Complex Chinese edition copyright © 2020 by Prophet Press, an imprint of
Eurasian Publishing Group
Published by arrangement with Münchner Verlagsgruppe GmbH, through
The PaiSha Agency.
ALL RIGHTS RESERVED

只去做別人也在做的事是不夠的。

投資專注於創新和雄心壯志的目標，但又令人心驚膽戰的企業，才是
挑戰。

—— 彼得‧提爾

◆ **很喜歡這本書，很想要分享**

　　圓神書活網線上提供團購優惠，

　　或洽讀者服務部 02-2579-6600。

◆ **美好生活的提案家，期待為您服務**

　　圓神書活網 www.Booklife.com.tw

　　非會員歡迎體驗優惠，會員獨享累計福利！

國家圖書館出版品預行編目資料

矽谷天王彼得‧提爾從0到1的致勝思考：從臉書、PayPal到Palantir，他
如何翻轉世界？／托瑪斯‧拉普德（Thomas Rappold）著；張淑惠譯.
--初版.--臺北市：先覺，2020.05
　　352 面；14.8×20.8公分 --（商戰系列；202）
　　譯自：Peter Thiel: Facebook, PayPal, Palantir – Wie Peter Thiel die Welt
revolutioniert – Die Biografie
　　ISBN 978-986-134-358-7（平裝）
　　1.提爾（Thiel, Peter）　2.傳記　3.企業經營　4.創業
494.1　　　　　　　　　　　　　　　　　　　　　　　　109003815